BINA VENKATARAMAN

樂觀者的遠見

在莽撞決斷的時代，我們如何克服短視、超前思考？

比娜・文卡塔拉曼

蕭美惠——譯

THE OPTIMIST'S TELESCOPE

THINKING AHEAD IN A RECKLESS AGE

感謝我的父母遠渡重洋追求未來。

目次

作者序

數年前一個夏日早晨，我前往哈德遜山谷登山，那裡是哈德遜河畔一處鄉村，有著蔥綠山丘及廣闊草地，位在紐約市北方。我沿著登山小徑穿越一片草地，看到一隻紅尾鵟在天空盤旋，飛過一座兩側長滿蕨類的瀑布。翌日，回到我居住的華盛頓特區後，我注意到腿後面長了疹子。又紅又癢，中間隆起，像是被蜘蛛叮咬。

我用手機拍了張照片，心裡想著要找醫師看一下疹子。那時候，我每天工作十六小時，不斷在趕截稿期限，睡眠極少。雖然聽起來很傻，但是花一個小時去診所似乎是不太可能的事。過了數週之後，皮膚上的疹子消退，我也忘記這回事。

八個月後，我的膝蓋腫得像顆葡萄柚，原來我感染了嚴重的萊姆病（Lyme disease），需要治療好幾個月。（譯注：由伯氏疏螺旋體感染的蜱叮咬而傳播的人畜共通傳染病。）我拄著拐杖在波士頓度過一個難受的冬天。我每天自行注射靜脈點滴，後來終於逐漸好轉。那一天在森林中叮咬我的蜱並未造成醒目的牛眼狀紅斑，可是我知道這種情況其實很普遍。數年前，在擔任科學新聞記者時，我寫過有關萊姆病蔓延的報導。我知道哈德遜山谷鄉間的感染率是全美最高。

為何我選擇忽略警訊？康復之後，這個問題一直困擾著我。登山回來就抽空去看醫師，在感染惡化之前加以治療，我便不必忍受數個月的痛苦，也不會造成永久性膝蓋損傷。或者我可以採取預防措施，搽抹驅蟲液及穿著防護衣物。

儘管我對這個疾病十分了解，卻無法想像自己會罹病。我登山數百次，從未被蜱叮咬，更別說任何感染。十幾歲到二十幾歲時，我在戶外毫無所懼，海邊懸崖跳水、爬樹、攀岩，樣樣都來。我有一種天下無敵的錯覺。

我知道自己不會是唯一犯下這種錯誤的人。我也不是唯一悔恨不已的人。假如你曾經試圖規勸友人不要跟日後必然會令她心碎的人交往，或是跟青少年說開車不要超速，你一定明白這種模式。人類行為有一種奇特的毛病：儘管警鈴大作，聰明人還是會做出莽撞的決定。

我不只親身經歷這種難題，也在著作當中加以探討。過去十五年來，以不同方式，我試圖警告人們留意眼前的威脅。在擔任新聞記者時，我撰寫報導向大眾警告傳染病和野火的危險，以及當蓄水池乾涸時農場將面臨什麼情況。我在麻省理工學院教導學生我的專長——與大眾分享科學資訊，以協助他們做出有關未來的更好決策。

二〇一三年我到白宮任職時，這種風險尤其高，當時我的工作是說服市長、商業領袖及房屋所有人對未來海平面升高與致命熱浪、長期乾旱與災難洪水，做好因應準備。

在白宮工作時，我時常發現自己無法說服人們採取行動。我不斷在原地打轉，就好像無論走哪條路線，我都會如同遇到塞車一般：和我一樣，大多數人在決策時並未考慮到遙遠的後果。人們因為眼前房貸負擔輕鬆而去買房，並未考慮到水災損失的未來成本。食品公司主管為股東提升眼前的獲利，而不去投資以保護農場免於日後的旱災。當然，政客把精力都投入在該年度競選連任，而不會想著未來十年保障自己的城市或州。

我其實不能責怪他們，因為他們的決定在當時是完全合理的。而且我知道自己也不是那麼注意警訊。

數十年來，我目睹各地慘痛地親身經歷這些危險。直到美國加州和南非開普敦發生嚴重旱災，休士頓與孟買慘遭洪水侵襲，那些地方的居民與領導人才正視這些天災的代價，而這些災難其實是可預防的。這不僅僅是注意警訊的問題，而是人們、企業與社會必須深切考慮他們每天的決策在未來可能形成的後果。

比起以往，我們今日生活的時代更需要為未來做出明智決策，不僅是為我們自己，也是為了下一代。我們活得比祖父母輩更久，壽命遠超過我們想像和退休計畫的規劃。我們有工具可以編輯人類胚胎的特徵、打造智慧機器，這類科技將重新定義未來世代的人類生活。我們正在改變下個世紀的地球氣候模式，極可能摧毀農作物，淹沒海岸城市，讓數百萬人流離失所。為了阻止致命瘟疫或嚴重氣候變遷，我們必須更加重視自己的未來以及遙遠日後人們的未來。

我把這個時代稱為莽撞（reckless）時代，不是因為我們比以前的人更差勁或更軟弱。

相反地，人類文明從未如此迫切需要思考未來，因為風險從未如此巨大。有能力讓機器人登陸火星及發明新物種的七十億世界人口，可能以空前規模改變人類未來，並且留下更持久的影響。而在同時，我們擁有無比的知識，比我們祖先更有能力清楚探測到災難的警訊，預見我們的選擇所造成的衝擊，無論是輻射廢棄物半衰期，或者今日的污染扼殺明日的珊瑚礁。相反地，相較於被希克蘇魯伯（Chicxulub）隕石滅種的恐龍，龐貝古城裡死掉的人們對於探測危險並沒有更加高明。若你無法預見降臨的災難，就不算是莽撞，只能算是不幸而已。

在我們一生，每個人都看到人們做出短視的決定。選民在選舉日待在家裡，因為洗衣服似乎比去投票所排隊來得更加緊急，日後才後悔沒去投票。醫師開立止痛藥，讓病人立即消除疼痛，卻造成鴉片類藥物（Opioid）成癮。已婚婦女搞外遇，之後數十年都為此悔恨。企業高層削減新產品研究預算，導致公司走上末路。一家人在沿岸沙灘蓋了他們的夢幻家園，數年後就被海浪沖走。

更令人困擾的是我們社會做出的莽撞決定。災禍的預先徵兆遭到漠視，例如二〇一四年伊波拉疫情及二〇〇七年美國次級房貸危機，直到無可挽回。富裕國家的人比他們貧窮的祖先更少儲蓄。股市誘人的報酬安撫了投資人，掩蓋了未來可能妨礙全球經濟的趨勢。在推特上發表外交政策教條的人之所以能夠當選美國總統，部分原因是原本應該只是短暫的辱罵占據了新聞版面及我們的注意力。

我們可能不在乎，將之斥為我們無奈的宿命，聽信憤世看法，指稱短視近利無可救藥地深植於人類天性、我們的經濟和社會。但這種看法嚴重低估我們的潛力，成為怠忽我們職責的便利藉口。這種看法立基於錯誤假設，即我們無法思考未來。然而，我們知道，有時人們、企業和社會確實可以避免危機，保護未來；這種例子在整個歷史屢見不鮮，直到今日亦然。人類文明建造了金字塔和大教堂，阻止臭氧層破洞，避免核子末日。我們社會讓貧窮世代接受教育，消滅脊髓灰質炎（俗稱小兒痲痺症），把人類送上月球漫步。為什麼這些遠見得以實現，其他人就不行？

對於這個問題的好奇，促使我寫作本書。七年多來，我一直研究為何智慧能夠凌駕莽撞；我們的生物編程、環境和文化扮演了何種角色；我們社會與企業將有什麼改變。我在廉價酒吧、市政府會議、原始森林、家庭聚會提出這個問題，也詢問世界各地外國代表。我拜訪堪薩斯農場、華爾街公司、矽谷虛擬實境實驗室、墨西哥漁村和日本福島核事故災區。

我遇見和我面對相似困境的人們：試圖阻止致命超級細菌蔓延的醫師。在眼前虧損之中證明了自己對前景看法的投資者。對抗莽撞房地產開發的社區領袖。警告恐怖攻擊將發生的警官。想要阻止下一場黑色風暴（Dust Bowl）的農民。和我一樣，他們都想要讓別人注意到警告，以免為時太晚。大多數人都想要做一些壯舉，為他人創建美好未來。他們的失敗與成功值得我們每個人學習。

在這同時，我也鑽研各個學科的研究發現，請教考古學、土地使用法、工程學、經濟學和演化生物學等廣泛領域的專家，包括社會運動大師、人工智慧策劃者、鐘錶匠和美國國防部長。我想要了解現今主流思考者的想法，以及科學與歷史如何教導我們更好地評估未來的後果。

我發現，大多數人和我一樣，對於人類莽撞冒失的看法是錯誤的。我們認為那是人性及社會無可避免的，但其實是我們面對的抉擇。一如柏拉圖的洞穴寓言所講的囚犯，他們被鐵鍊鍊住，無法辨別所見光影的真正來源，我們的處境限制了我們對可能事物的看法。現在我們應該設法逃出洞穴了。

藉由寫作本書，我想要傳遞我對於我們個人及人類群體未開發能力的了解，希望避免讓我們未來陷入險境的莽撞決定。

資料來源

沒有任何一種證據得以壟斷真相。在本書，我汲取多類資料來源和多種權威人士，隨機對照試驗和自然實驗的研究發現，人們與社群的習慣做法，以及詩人與哲學家的智慧。我由第一手報導、同儕審查科學、專家評論、歷史前例和古老直覺之中得出真相。

在行為科學研究類別，我只引述獲得大量研究支持其用途的特定調查，不然我會在內文或資料庫提出警語，請讀者多加注意。

我沿用古老的說故事方法。儘管沒有任何一則故事可被視為終極或宇宙真理，我認為本書的敘述揭露我們的本質與我們所面對之情況的重要層面。

不是我們面對的每件事都可以改變，但要是不面對，什麼事都不會改變。

——詹姆斯・鮑德溫（JAMES BALDWIN）

那是未來的荷馬要面對的問題。呃，我可不羨慕那位仁兄。

——荷馬・辛普森（HOMER SIMPSON）

前言
未來的麻煩

假設你今天要去超市。你抵達超市後，便走向貨品架——充滿善意的地方。你可能拿了香蕉、橘子和青菜，這類食品讓你覺得好像剛沖了個澡或是捐款給遊民庇護所。你覺得自己很善良，像個正直的公民。

你接著走到雜貨區，經過邪惡誘惑的大袋洋芋片。醫師叮囑你不要吃這種東西，但是你好想吃。你盯著洋芋袋，幾乎可以嘗到鹹鹹的滋味，和牙齒咬下去的酥脆感。你開始在第七列走道感到嘴饞。這或許不是未來的最佳選擇，可是你現在很想要吃。於是你把那一大袋放進你的購物車了。

買了採購清單上的幾樣東西後，你走到櫃台結帳。在收銀員身後，你看到了樂透彩券。你原本計畫今年要把零錢攢起來，增加儲蓄，可是玩刮刮樂只需幾塊錢就可以。天曉得，或許你會中獎。你便拿起幾張刮刮樂。未來你或許會後悔這麼做，但是現在這種小確幸讓人開心。你付錢給收銀員，便回家了。

每一天，每個人都面對決定，必須在我們現在想要的，和對我們與他人長期最好的之間做出選擇。

我們決定要出門享用美食還是把錢存起來以備不時之需，要在寒冷的早晨騎自行車還是開車上班，要清理塑膠容器做回收還是隨手丟進垃圾桶。我們的選擇取決於我們有多急迫或多滿足，有多匆忙或多鎮靜，有多疲倦或充滿活力，甚至是有多樂觀。或許有幾趟上超市時，你抗拒了嘴饞，有幾趟卻屈服了。每隔一陣子，我會狂嗑巧克力，好像世界末日降臨。

就像我的巧克力癮頭，有些現在與未來的選擇是細瑣的，不會決定我的生死或幸福。你無法稱這類決定是不顧後果，即使我們會後悔，也只是人性使然而已。

可是，其他決定事關重大。或許你想要明年去旅行或存下更多急用金，卻總是把儲蓄花用在衝動性購買。或許你希望現在用功學習一種新語言或取得一個學位，好為日後創造機會。為了避免眼前的痛苦或不便，我們往往犧牲自己的未來期望。即便是無關緊要的選擇，例如有一天沒去運動，可能累積而導致災難，像是心臟病發作。輕率地在社群媒體發一則廢文，或許對你的職業生涯或名聲造成永久傷害。

我們今日所做的決定可能影響我們未來的體驗。對個人、企業、社群和社會來說都是如此。現今的選擇可以塑造未來，這股力量呈現在我到世界各地遇見的人們的故事，亦見諸歷史年鑑：一位橋牌玩家精密計算之後，賺了數十萬美元，但是他的老爸在賽馬場敗光家產。德州漁民的決策導致墨西哥灣笛鯛族群瀕臨滅絕，然後又設法恢復魚群。安全官員未能在慕尼黑奧運保護遭到恐怖攻擊的選手，千年石碑拯救日本村莊不遭到現代毀滅。密西西比州一名男子跑到屋頂上逃生，因為他在卡崔娜颶風來襲前拒絕遷離。奧瑞岡州一名女教師訓練自己不要反射性地懲罰黑皮膚的學生。跟古代龐貝城的居民保證這個城市很安全的哲學家，以及解除古巴飛彈危機、阻止了核戰的小組。

社會做出的決策所留下的影響最為長遠：在中東種植一年生作物的古老選擇造成了美國「黑色風暴」（Dust Bowl），並且造成了現今全球各地流失肥沃的土地。美國州際公路系統的建設奠定了數個世代人們旅行及通勤的方式，以及二十世紀美國經濟成長孕育出來的中學義務教育。

本書討論我們個人及集體做出對自己與他人的生活形成重大後果，我們或許會後悔或慶幸的決定。本書尤其要討論我們忽視未來契機或危險的明顯徵兆而做出的魯莽決定。藉由深入調查許多背景下的這類決定，我發現到我們擁有潛能可以做出明智抉擇。

決策涉及資訊與判斷，無論是個人或集體做出的決策。能夠對於未來做出明智抉擇，這種判斷力就是我所說的遠見。發揮遠見不是像神話中的預言師卡珊卓那樣看見未來，預言特洛伊城將毀滅。無數研究計畫與書籍的主題都在討論如何模仿她的靈力，或者至少更為準確地預測未來。但是它們都無法幫助我們培養判斷力以做出有關未來的決策。發揮遠見指的是運用我們對於未來的已知與未知事情，不只是對現今、同時也是對我們的未來最好的決定。知道明天的足球賽會下雨，以及確實攜帶了雨具，就是這兩者之間的差異。

我在本書提出的主張是，許多決定確實是根據有關未來後果的資訊而做出的，但缺乏良好的判斷。我們很努力想要知道未來，卻不在意如何因應未來的各種可能。其結果是不顧後果、無法預先計畫的巨大災難。為了修正路徑，我們需要鍛鍊我們的遠見。

現在有許多人想要為未來付諸行動，比我們實際做的多更多。我們希望跳脫收發簡訊的短暫瞬間，期望自己的人生有所意義，在時光漫長、精密的布料縫下一針。我們期望為後代子孫做出正確的事，受到他們尊敬，最起碼不被厭惡。我們猜想著，如果自己學會前瞻思考，是否就會賺更多錢、活得更健康、更能保障家人不遭遇危險。企業可能獲取更多利潤，社群可能興旺，文明可能避免預見得到的災難。我們甚至可能更好地保護森林、河流與海洋。

然而，現在人們很難評估未來的後果，不論是我們的日常生活或者是人類的崇高努力。人們很難為了延遲的報酬而做出犧牲，卻很容易耽溺於現在，即便會在日後招致災難。我們決策的後果愈是遙遠，便愈難對決策發揮智慧。

為了我們自己的未來著想是最容易的，也不需要做出很多立即的犧牲。一天刷牙兩次，是避免以後根管治療或裝假牙的小小代價。預立遺囑或許需要你每幾年花幾個小時的時間，但比起你對家人的關心，這種不方便根本不算什麼。你的時間與金錢愈多，便愈容易規劃未來，例如購買健康保險或者幫你的小孩做功課。你愈是確定自己的選擇將造成不同結果，並且擁有愈多控制權，你便愈可能對未來採取行動。

我們有什麼期待的話，例如和朋友野餐、度假、婚禮，大多數人都覺得比較可以想像未來。我們盼望那個時刻，於是想像自己享受那段時光。但是，我們討厭什麼的話，像是報稅、變老、海平面上升或是難民危機，大多數人都不願去到未來。即便我們認真去想，仍會感到焦慮、甚或麻痺，因為我們希望那件事永遠不會發生。

若是必須現在做出犧牲以因應一個社區未來的地震，或是投資一個產業的未來發明，或者阻止一個社會過度撈捕魚群，未來的選擇將尤其困難。替自己的未來做打算就已經夠難了，替未來的鄰居、社會、國家或地球做打算似乎是不可能的事，即便我們有那種理想抱負。相反地，應對立即的威脅便容易許多。舉例來說，這可以解釋何以世界各國未能預防二〇一四年的伊波拉疫情。那場疫情造成上萬人死亡，投資疫苗研發及醫療設施的費用比起疫情爆發後的抗疫費用便宜數百萬美元。

那麼，為未來著想怎麼會這樣困難，即使我們希望未來更美好？

原因之一是，我們聞不到、摸不到也聽不到未來。未來是我們必須在腦中構思的概念，不是可以用感官認知到的東西。相反地，我們今天想要的東西，往往令我們產生強烈的渴望。

已故的著名史丹佛心理學教授沃爾特．米歇爾（Walter Mischel）認為，我們的感官產生的誘惑，令我們內在燃燒起一股熱情。聞到烘烤盤剛出爐甜甜圈的氣味，看到加油站收銀櫃台色彩繽紛的刮刮樂，讓我們情緒高昂，無法評估未來後果。但在較為冷靜、遠離這種引誘的時候，我們會選擇為了未來而放棄立即的報酬。

未來是混沌、可變、不確定的，無論是中、老年的健康或財務穩健，或是擁有潔淨或安全街道的社區。這些都比不上餐館櫃台上的薯條盤來得令人滿足。我們很難確信今天放棄了什麼就可以保證明天得到想要的東西。

另一個原因是，未來的自己對我們來說像個陌生人。大多數人連下星期二晚餐要吃什麼都不知道，怎麼可能知道未來十年自己要什麼？未來的世代就更陌生了。現在社會變革速度驚人，科技進步造成未來與過去大不相同。未來學家艾文．托佛勒（Alvin Toffler）在一九六〇年代便預見這種趨勢及其對人類遠見的毀滅性影響，而稱之為「未來衝擊」（future shock）。這種不安在二十一世紀變得愈來愈鮮明，因為我們的通訊、旅遊和工作方式不斷發生劇變。生活在今日世界，卻要為數十年後的世界做決定，令人覺得抽象，甚至白費力氣。

無數年來，人們一直思索為何人類在做決定時傷害未來的自己，即便我們明白可能的後果。亞里斯多德寫說，缺乏自制力讓人類無法過著有意義的生活。可是他亦認為，為了追求完美，抗拒偶爾帶給我們寄託與歡樂的放縱，是很荒謬的。他說，最好是取得平衡，經由平常不斷練習以避免倉促決定。

我們的狩獵—採集者祖先依賴立即的衝動而存活下來，無論是逃避咆哮的野獸或者發現獵物。人類學家認為，我們或許遺傳到掌握眼前機會、忽視後果的傾向。當我們要逃出失火的房子或躲開高速的汽車，衝動仍可救我們一命，但當我們要儲存退休金或者讓社區防範下一次野火時，衝動就幫不上忙。

現代心理學家告訴我們，莽撞的決策源自於人類的反身性思考模式出錯，稱為一號系統。榮獲諾貝爾獎的認知科學家丹尼爾·康納曼（Daniel Kahneman）認為，理性及審慎的二號系統對大腦而言較為辛苦，因此較少利用。神經科學家指出，強大的大腦邊緣系統，主控恐懼等情緒回應，是讓立即衝動超越未來謹慎的機制。

柏拉圖在西元前三八〇年《普羅塔哥拉斯篇》（*Protagoras*）對話錄中寫著，對於未來歡愉及痛苦的估算錯誤導致了愚蠢。一九二〇年，英國經濟學家亞瑟·塞西爾·庇古（Arthur Cecil Pigou）也提到人類對於未來的歪曲看法，稱之為「故障的望遠鏡」（defective telescope）。現代的經濟學家將這種決策模式稱為「雙曲折現」（hyperbolic discounting），或「現狀偏差」（present bias）。哈佛大學心理學家丹尼爾·吉伯特（Daniel Gilbert）的研究顯示，人們專注於未來，但評估失誤。他認為，我們對未來的看法是扭曲的，部分原因是我們高估單一未來事件對快樂的影響，例如職位晉升，卻低估累積的小型事件衝擊。

這些思想家幫助世人了解人們為何做出草率的決定，可是尚不足以讓我們修正路線。這些專家與大眾玩的傳話遊戲出現了誤傳，人們以為莽撞是人性的固有特質。這種想法忽略了文化、組織和社會的角色，以及最近大量研究發現指出，我們可以影響、甚至消除莽撞。人性不只是生物程式設計而已：我們可以透過刻意的決定來改變行為，由我們在雜貨店排隊到立法議程等。我們以為是命中注定的悲劇，其實是我們的選擇。

社會的主流文化阻礙我們的前瞻思考。我們被養成期待立即滿足、立即獲利和迅速解決所有問題。今日企業界的口號是減少渴望與實現之間的摩擦，這也是吸引大量資金與人才的原因：搜尋引擎在我們尚未輸入完畢，便已猜出我們的關鍵字。當我不耐煩地在火車月台上跺腳，牆上的叫車公司優步（Uber）廣告宣稱：「拒絕等待的人有福了。」急迫與便利主宰著各種大小決定。

在我們的時代，我們時常因為現在需要做的事情而分心，顧不到未來的自己與社會的未來。我們的收件匣及簡訊串塞滿需要立即回覆的訊息。我們以眼前的成就來衡量自己與他人，無論是達成銷售目標、贏得比賽，或是考試拿高分。我們每分每秒吸收新聞快訊，還有朋友們在社群媒體無窮無盡的更新，注意力都鎖定在細瑣的東西上。我們看不到自己以後想要做什麼，並且忽略未來，因為我們能夠忽略，至少在目前。

這是可以改變的。人們群聚起來，組成鄰居、社群、組織及國家，這種傳統源自於我們需要團體幫忙我們去做無法獨力辦到的事。團結起來，我們可以交易商品與技能，阻止暴力及懲罰犯罪，教育小孩，管理貨幣及消除飢餓。文化常態與機構規則鼓勵人們依據自身最佳利益及維護共同福利而行動。同樣地，假如組織、社群和社會的設計是要幫助我們注意警訊和重視日後的結果，個人便能為未來做出更好的決策。

問題是，今日的集體機構反而讓我們更難思考未來，而不是更容易。我們的文化、商業與社群所創造的環境並不利於遠見。原本是要抵禦短視的堡壘，卻變成船身的破洞，而且我們要應付許多立即的問題。

職場與學校以季度獲利與考試成績等形式來獎勵快速結果，而不是長遠成果。股市與選舉支持短暫的獲勝，而不是投資於未來成長。法律鼓勵快速的更迭，例如選舉週期，消費品設計師讓產品很快就過時落伍。政府在災區就地重建，而不是事先讓居民防災。決策者長期以來在決策時漠視未來世代。

作家史蒂芬．強生（Steven Johnson）指出，回顧歷史，做出長期決策會讓人們過得更好。我們時代的經驗證據，包括企業實施庫藏股和氣候變遷因應措施失敗，證明我們在面對挑戰時變得更糟，除了零星例外。強生認為，預測方法出現進步，證明我們比祖先更擅長預先規劃；然而我們在第一章將談到，預測與遠見是兩回事。但我同意強生的一點是，我們擁有可以使用的工具。問題是，那些工具尚未普及，整個社會與文化必須做出的改變比他所說的還要多。

我們不應嘉許自己的進步，反而應該認為自己活在一個與過去文明相似的社會，只是風險更高、規模更大。地理學家及作家賈德．戴蒙（Jared Diamond，譯注：暢銷書《槍炮、病菌與鋼鐵》作者）研究在達到鼎盛時期之後便急速崩塌的文明。他指出，史上的毀滅文明，由復活節島上的玻里尼西亞人到格陵蘭的維京殖民者到美國西南部的古普韋布洛人（Puebloans），都有一個共同點，那就是他們未能注意未來後果的警訊，直到為時已晚。舉例來說，將林地砍伐殆盡或是拒絕與資源豐富的群體進行文化交流等差勁選擇，導致許多文明走向毀滅。當人口成長與技術進步超出預期，即便是最偉大的文明也會衰微。

想要避免這類災難的話，現在的人類並不是無能為力。雖然我們永遠無法確知未來的發展，我們可以做出選擇以避免失敗文明的命運。我們可以在自己的人生，還有企業、社群與社會，採取行動以因應未來，減少後悔。我們可以形成新的文化常態，設計更優的環境，重新恢復最佳的機構慣例。

接下來，我將挖掘造成我們無法完成這項任務的錯誤觀念，並指出我們可以採取的行動。首先我從個人與家庭談起（第一部），接著是企業與組織（第二部），最後來到社群與社會（第三部）。每一章都談到培養遠見的策略，以及實用的技巧。

與此同時，我將檢視我們在許多決策時重視資訊收集，甚於判斷。我將說明人們、組織、社群和社會即使擁有良好的預測，卻做出草率決定，以及評估立即的結果而犧牲遠見與耐性。我將揭露過度依賴歷史與忽略歷史的愚蠢。我將探討如何克服末日預言造成的癱瘓，以及如何矯正現代企業與政治慣例孳生的短視。

如果你看下去，你將發現一些維護未來的最重要省思來自意外的地方與被忽略的專業領域。本書列舉的教訓來自一支女醫師的大學團隊、喀麥隆嬰兒的研究、古雅典政治家的自我放逐、失敗的金融專家的救贖、八萬年古木林地的生存策略，以及日本神宮遷宮重建、職業賭徒的行話。年輕人——例如一名十七歲的鷹級童軍和控告美國政府的青少年原告，以及年長者——例如八旬老農與長眠的詩人，都值得我們學習。前瞻思考的巨星未必是你預期中的人士。

第一部

個人與家庭

THE INDIVIDUAL AND
THE FAMILY

THE
OPTIMIST'S
TELESCOPE
THINKING AHEAD IN A RECKLESS AGE

第一章
過去與未來的鬼魂
——想像力就是超能力

活在世間
如行走在地獄之上
欣賞繁花

——小林一茶

沒有什麼事比起走在一片墓園裡，更能讓人的思緒飛越到未來。墓碑就是一種赤裸裸的提醒，我們總有一天都難逃一死。

我前陣子去麻薩諸塞州劍橋的奧本山公墓（Mount Auburn Cemetery），看見了詩人亨利・華茲沃斯・郎費羅（Henry Wadsworth Longfellow）、羅伯特・克里利（Robert Creeley）、著名發明家巴克敏斯特・富勒（Buckminster Fuller）的墳墓。樹齡超過數百年的山毛櫸高聳得讓人敬畏，野火雞毫不在意地漫步在文學巨擘的遺骨上方。

然而，最讓我驚訝的卻是一塊普通的墓碑，上面有姓名和出生年分，接著是一個破折號，之後是一片空白。任何一座墳墓，或是高速公路上的致命車禍，都會讓你思考自己的死亡。上面刻有你的名字的墓碑，並不是一種邀請，而是一種傳喚。

我們很少會面對人生在死亡之前的許多時間點——我們將要面對的，但還不是終點。我們通常不會面對面地正視未來。

不過，在我們開車時，會發現一個很有用的隱喻。道路就像是墓碑上面刻著的，出生年分和死亡年分之間的那個連接號，而道路的另一端就是未來。

要做出什麼努力，才能更常往道路的前方看——去想像前面有什麼在等著我們？我們能否不只是因為恐懼才這麼做，而是自身的選擇？

實際在公路旅行時，如果要展望未來，即使有地圖、ＧＰＳ、路標，也不足以提醒我們前方有視線不良的彎道、美麗的岔路和落石。

假設這條路上有許多髮夾彎，建造在懸崖邊，可以欣賞海景，我們在踏上旅途之前就必須面臨很多選擇——要白天出發還是晚上出發、要等天氣好轉再出發還是要在冰雹中行駛、要不要先加滿油並檢查輪胎、要不要帶上一位朋友。所有的選擇都是依據我們重視的是什麼，以及我們願意承受多少風險。我們必須搜集資料——路況、加油站、路上有哪些感興趣的景點。但是無論我們收集了多少資訊，我們都無法完全掌握前方到底會出現什麼：酒醉駕駛、莽撞地衝過馬路的小孩、一群遷徙的候鳥、遠方某個喚起你童年回憶的景色。

未來有著無限種可能性，因為那些都是我們還未踏上的路。我們不具備齊全的知識，就在出發前有意或無意地做出決定。在人生的道路上，只盯著儀表板上的時速表或眼前的路面，並不是明智之舉；光是遵照交通標誌或是麻木不仁地跟著語音導航的指示來轉彎，也是不夠的。我們必須想像自己可能遇到的情況，並且為了未來的自己採取行動。我們必須要想像這條路，以及我們希望在這條路上運行的方式。

古羅馬海軍艦隊司令剛吃完午餐，他的姊妹便看見遠方有古怪的黑雲，從西邊的一座山上緩緩湧出。這位艦隊司令就是老普林尼（Pliny the Elder），他的一生都信奉著「好奇」。他會在空閒時為植物、鳥、昆蟲命名——是現代博物學家的先驅。那座山不斷湧出墨水將天空染黑，因此他帶著艦隊向那裡前進以便看個清楚。

然而，就在西元七九年的這一天，老普林尼正要從米賽諾（Misenum）出發時，一名使者攔住了他。「請來幫助我們。」這名恐懼的龐貝（Pompeii）居民哀求說，因為他看見維蘇威火山正不斷地冒著煙。

很快地，火舌從火山口竄出，火山灰和石頭形成的洪流沿著山脊往下竄。浮石和煤渣從天空中落下，空氣中散發著硫磺的臭味。房屋不斷搖晃，直至倒塌。道路就像即將起火的紙張一般，變得皺巴巴的。逃難的人們用餐巾將枕頭綁在頭上，這在面對岩石的重擊時並不能起到什麼防護作用。

根據被層層火山灰保存下來的遺跡，我們可以發現拿坡里灣的人們正在狂歡慶祝酒神節（bacchanalia），直到維蘇威火山打斷這場盛宴。考古學家在遺跡當中發現破碎的餐盤、妓院，以及鬥士和孩童的遺骨。陽具圖騰就像是毫無用處的護身符一般，無處不在——被畫在溼壁畫裡、被刻印在路上、被做成馬賽克雕塑。

老普林尼在嘗試救助恐慌的龐貝城居民時身亡了。他的姪子當時是一位正在萌芽的詩人，完整地記錄了這場火山噴發。他能成功逃離這場災難，並不是因為有先見之明，而是碰巧——他選擇留下來寫作業，而不是陪舅舅過去。

然而，西元七九年這場恐怖的火山噴發並不是龐貝古城第一次發生這樣的災難。常見的記述中時常忽略了火山爆發的十七年前，在義大利的坎帕尼亞區曾發生一場嚴重的大地震。這場地震將房屋夷為平地，並導致一百隻綿羊死亡，眾神的雕像裂開。然而等到維蘇威火山爆發前幾個禮拜開始輕微地震時，人們早已忘記了先前的地震所帶來的不祥預兆，龐貝城的居民之中幾乎沒有人察覺到即將來臨的危險，至少老普林尼的姪子在二十五年後寫給塔西佗（Tacitus）的信件中是這樣記錄的。

古羅馬的人們時常將天災視為眾神的憤怒——儘管當時的哲學家很努力地想要破除這種想法。塞內卡（Seneca）可能是當時最受敬重的思想家，也是暴君尼祿皇帝的導師及顧問。西元六二年，龐貝和附近的赫庫蘭尼姆（Herculaneum）發生地震後不久，塞內卡在《天問》

（*Natural Questions*）中寫下關於地震的內容。他的結論是，地震的起因是空氣劇烈地從地底洞穴穿破岩石釋放出來。老普林尼也同意，認為地震毋庸置疑是因為風而引起的。

「所有的地方都處在一樣的環境，即使是至今都沒有發生過地震的地方，以後還是有可能會發生地震，」為了撫平居民的恐懼，塞內卡在災害後寫道，「我們不要去相信那些離開坎帕尼亞、在災後搬離坎帕尼亞、說自己永遠不會再來坎帕尼亞的人。」

塞內卡建議大家保持原狀，不要擔心接下來在哪裡、什麼時候會發生地震——這太難預測了。

我們可以原諒塞內卡這種輕忽的態度，畢竟當時的知識有限，就像我們可以原諒數年後維蘇威火山爆發時死去的那數千名龐貝城居民，他們沒有預料到會這樣。

在他們的年代對於天災的解釋，即使是最符合邏輯的，也只是恍惚的老人在深夜的沉思，而不是科學假說。龐貝古城的居民不具備我們所擁有的知識——聳立在那個地區的高山是一座火山。先前的幾次地震顯示出這裡是一個危險的地震區，而輕微的震動警示了之後的噴發。

但是如果龐貝城的聰明居民早已知道維蘇威火山要爆發了呢？想想看，如果哲學家塞內卡不是安撫大家，而是警告大家美麗的拿坡里灣太危險了，不適合居住呢？或者假設艦隊司令老普林尼督促大家進行預防措施，設立疏散計畫，而不是被火山殺個措手不及呢？他們是否就能逃過這次的大災難？

我們永遠無法得知這些問題的答案，但是我們可以確定的是，即使是現在，關於未來會出現的危險，我們所擁有的知識仍然時常不足以用來說服人們為了未來的自己或家人而付諸行動。

人類一直以來都在尋求預測未來的方法。想要知道路的另一端到底隱藏著什麼，這可以追溯人類的歷史，回到觀星者發現星象隨著季節改變而移動的那一天，從實證的方法（觀察夜晚的星象或是太陽從地平線升起的位置）到迷信的方法（解讀甲骨文或預言家所說出的謎語）都有。古羅馬人總是在尋找災難的徵兆——母雞不肯吃東西、神明的雕像流汗了、被現代的天文學家稱為北極光的明亮夜空。其實現代人也會做類似的占卜，例如大家相信章魚可以預測世界盃足球賽的結果、嘉年華會上看手相的算命先生、幸運餅乾、神奇八號球（Magic 8-Ball）。

我們仍然無法徹底窺探未來，就像古代人一樣，但是現在已經是人類史上最有能力預測天災的年代了——雖然我們預測選舉或運動比賽的結果還是常常失敗。我們也許無法精確地預測地震或洪水會在哪一天或哪一週到來，但是比起上一個世代，我們還是更加了解未來的危險會發生在哪個特定的地方。

我們的世代擁有板塊構造以及地殼移動的相關知識，還有過去火山噴發和暴風雨的紀錄。我們有監控地震活動的儀器、在每一次災害過後都能改善得更加精確的海嘯預警系統。

我們不需要像塞內卡那樣相信宿命論，他認為每一個地方都是同樣危險的。

在過去五十年內，時常被人抱怨的氣象預報大幅提升了精準度，讓棒球迷以及因為天氣而產生壞心情的人得以提防。十九世紀的報紙將氣象預報服務比喻為占星家的預言，甚至占星家的預言還更可靠。現在，有許多人像我一樣仰賴智慧型手機上的天氣預報，就好像這是直接從上帝那裡傳達過來的福音，精準到以每小時為單位。

我們應該感激現代的預測工具以及它們所帶來的啟蒙和影響——經過數個世紀的實驗所證實的概念，大範圍、長時間收集到的數據，鉅細靡遺地觀察大自然的儀器，以及無限延伸的知識，它們的藤蔓伸到世界各地。我們通常會同情龐貝城的受害者，並認為我們擁有更加高等的知識和複雜的現代科技。

到了二十一世紀，我們進入了著迷於預測的全新時代。部分原因是來自資料分析的革新，不僅因為電腦運算能力大幅躍進，已超越工程師最遠大的期望，也多虧了全球數十億台儀器所收集到的數兆個數據點——就像一支天體追蹤器大隊隨時都在觀測地球以及附近太空中的一切事物。

機器學習，也就是電腦從過去的模式中學習、研究未來趨勢的能力，滿足了我們對於預測的渴望。現在人們使用這些工具來預測某位顧客可能會買哪些書或哪些衣服；流感大爆發將會如何傳播；停電時城市裡的哪一區會出現犯罪尖峰；原油洩漏將會如何在海中擴散。我們這個世代所重視的預測，通常是預測即將發生的未來——下一首爆紅的熱門歌曲會是什麼，或是當你查看某個網站時怎樣的廣告才會吸引你的注意力？氣象預報APP的最新趨勢是想辦法更精準地預測接下來這一個小時會不會下雨，而不是預測十天後或兩週後會不會是晴天。

即使是這些運用科學的預測方法，也有一些先天性的不完美，因為它們都是仰賴過去的趨勢來預測未知的未來。但是它們也已經足夠有用了，可以爭取到數十億美元的投資，也能吸引企業和政府的注意，讓他們認為這是必須跟上的時代潮流。

不過當然了，除非我們善加利用，否則對未來的預測就沒有價值。其中的矛盾就在於，人們時常不會聽從它們的意見，為未來做準備——例如搬離眾所周知的火山帶。結果就是，一個好的預報並不會讓人們擁有好的遠見。

以我的經驗來說，比起想像自己戴著假牙，想像自己被鯊魚攻擊還更加容易一點。一想到老化就讓人覺得恐懼，讓我想去收個電子郵件或整理雜亂的衣櫃。變老是一件我還沒有體驗過的事——而我過去所體驗過的事情完全不足以幫助我想像未來。不過我知道，依照我的性別和家族歷史來判斷，我有很大的機率會經歷老年生活，非常非常老的那種。根據過去的數據，我擁有非常可靠的預測，我缺乏的是如何利用這些預測的遠見。

許多年來，我都很難決定那些會影響自己老年生活的事——要不要生小孩、如何存錢、如何投資。有些人可能會說我刻意在避免替未來的自己做重要的決定；不過，面對這樣的困境，我並不孤單。二〇〇六年一份針對二十四個不同國家的數百位受訪者所做的民調顯示，大多數人無法想像十五年後的未來——即使比起現在，他們更加擔心未來。當他們想像到未來的十五至二十年時，就會突然斷訊。

人類在地球上已經繁衍超過七千個世代了，在過去的歷史之中，人類可以預期自己大約能活到四十歲左右。然而過去這兩百年，醫學的發展讓嬰兒死亡率下降、傳染性疾病可以被治癒，人類的平均壽命也隨之穩定提升。現在全球的出生時預期壽命（LEB）平均都超過七十歲，大多數已開發國家則是超過八十歲。到了二一〇〇年，已開發國家的新生兒或許可以活到超過一百歲。

這對人類來說是個好消息，然而我們的心靈卻還沒有進化到可以周全地考慮這麼長的人生。這就是為什麼現在的人們（尤其是年輕人）很難想像變老以後的實際情況。

對於一個步入高齡化，看護、儲蓄存款及退休計畫的需求日漸增高的社會，若沒有正確地規劃老年生活，將會帶來許多的威脅。如果我們連自己的未來都摸不清，現在的世代要怎麼規劃遙遠的未來？在美國、加拿大、德國、日本等國家，即使預期壽命延長，近幾十年的個人儲蓄率卻下降了。簡單看一下美國的樂透，數十億美元的資金主要是由那些賺得很少、沒什麼閒錢可花的人們貢獻的，證明了人們之所以存錢存得少，不光只是因為他們賺得少。人們藉由買彩券，可以在一種立刻賺到一大筆錢的幻想當中獲得快樂，因為那些頭獎得主的新聞報導以及買刮刮樂刮中的一點點錢會帶來這樣的幻覺。相對地，我們不會幻想自己在遙遠的未來，一邊忍耐著腰痛、一邊跟孫子玩。

經濟學家海爾・赫斯菲爾德（Hal Hershfield）現為加州大學洛杉磯分校（UCLA）教授，幾年前開始對此產生興趣，開始思考如何讓年輕人為了自己的未來存錢。他有一個想法：「如果我能創造一個虛構的、感官的老年體驗呢？」赫斯菲爾德和虛擬實境（VR）設計師合作，做出一個程式，可以為參與實驗的學生生成老年樣貌的虛擬人物——長出皺紋、髮線後退、頭髮灰白。在虛擬實境的房間裡看著這樣的虛擬人物，就好像看進一面穿越時光的鏡子，也就是說你所做出的每一個動作，老年版的你都會照著模仿。目標是要試著讓大學生可以想像未來的自己。

依照赫斯菲爾德的建議，我嘗試了一種較為初階的技術，它是名為Aging Booth的手機APP，它可以模擬出照片中的人的老年模樣。我很好奇當我看到自己變成老太太時會有什麼反應——即使它是不會動的虛擬人物，至少也是一張照片。我原本想在辦公室拍一張臉部自拍，但又覺得遠一點比較好，所以我載入一張我站在俄勒岡州的一個瀑布前面拍的、比較好看的中距離照片。

不知為何，模擬出來的照片讓我感到既害怕，又安心。我想起《星際爭霸戰》（*Star Trek*）電影中，史巴克（Spock）遇見了老年的自己。老史巴克已經在宇宙中漫遊了數百年，他向年輕的史巴克傳授了許多重要的知識。當我看向照片中老年的自己，眼睛暗沉地凹陷進去，額頭和下巴有深深的刻紋，這個人對我來說既熟悉又陌生，我很好奇這個人會擁有什麼我現在尚未發現的知識。我稍微試著想像一下我就是他，感覺跟自己很像，我甚至希望我就是他，如果我夠幸運可以活到八十幾歲的話。我開始想像，並開始換位思考未來的自己。突然間，想像中的未來變得更加真實，因為我用個人的角度去感受它，並看見它展現在我自己的臉上。

在赫斯菲爾德的實驗中，他發現與其他大學生相比，親眼見過老年版自己的大學生在那之後更加願意存錢作為退休基金了。他們比很少看見其他老人照片的大學生更願意存錢，而與那些已經有在存錢的人相比，他們會存更多退休基金。

赫斯菲爾德的研究屬於一種新嘗試，可幫助人們想像自己尚未體驗過的情境，或自己早就遺忘的記憶。虛擬實境可應用在讓有錢人短暫地體驗流浪漢的身分、讓阿茲海默症患者走回自己童年的家、讓專業運動員因應在足球場或籃球場上遇到某位特定的對手而做準備。作家及治療師梅莉・邦巴德瑞（Merle Bombardieri）使用低技術成本的類似做法，幫助夫妻決定是否要生小孩。她請他們想像一下自己七十五歲，坐在搖椅上，並形容不同的情境，讓他們看看哪一種情境最不會讓自己感到後悔。

這些工具讓我覺得有趣的地方是，它們不只是傳達出有關過去、現在或者是未來的事實，而是嘗試去模擬在不同時間或不同環境下的體驗。我看過自己老年的照片之後，更難忽視未來的自己了——我過了一陣子才明白為什麼會這樣。

赫斯菲爾德實驗中的學生面對虛擬實境中的自己所做出的回應，與現在的人們面對颱風預報時所做出的反應，形成一種鮮明的對比。

熱帶風暴可說是我們這個時代在預測天災方面的科學成就的典型代表。十五世紀哥倫布探索西印度群島，或甚至是十八世紀英國航海家正在建立帝國時，颶風都出其不意地襲擊船隻，將整支艦隊全都掀翻。一九〇〇年美國史上最嚴重的颶風襲擊德州加爾維斯頓（Galveston）前，美國國家氣象局預報員甚至沒有給當地居民任何警告。

現在，氣象學家可以描出颶風登陸時數百英里的半徑，通常也可以及早繪製熱帶風暴的路徑，讓我們有七十二小時的時間逃難或躲避。我們可以提前好幾天得知自己是否會遭到風暴襲擊。

然而，人們面對強烈颶風預報時所做出的反應，卻暴露出這個程序的缺點。華頓商學院經濟學家霍爾．康路瑟（Howard Kunreuther）與羅伯特．邁爾（Robert Meyer）發現大多數人聽見強烈暴風雨預報後（例如紐約地區的珊迪颶風或墨西哥灣的卡崔娜颶風）都只會購買瓶裝水而已。他們既不會做更多的準備來鞏固房屋、填補縫隙，也不會對牆壁做防水處理，即使是住在靠近海邊的人。受到颶風侵襲的地區的居民不會購買合適的洪水保險。即使擁有關於未來的資訊，也不保證能做出好的判斷。

颶風所帶來的損害年年升高，光是在美國，過去十年以來就消耗了數千億美元。目前推測本世紀結束時，全球因為颶風所造成的損失將從每年二百六十億美元上升到每年一千零九十億美元。造成費用暴增的其中一個原因是，人們不斷地在可能發生暴風雨的地區蓋房子。另一個原因是即使颶風即將到來，住在海岸邊的居民仍然沒有針對強烈颶風進行有效準備。

我們並不是只有在面對颶風時才無法做好準備。在美國，居住於地震地區和洪水地區的家庭當中只有一〇%採取實際行動來防止災難所造成的財產損失。這個問題不只出現在美國，而是全球都有。從一九六〇年到二〇一一年，全球重大自然災害所造成的損害當中有超過六〇%都未投保。這也不是富有或貧窮的問題——在同樣的期間內，高收入國家中地震、海嘯及洪水所造成的損害也只有其中一半是有投保的。

我們現在做的決定會影響到未來所謂的天災。災害專家丹尼斯・米列蒂（Dennis Mileti）曾主持科羅拉多大學波德分校天然災害中心，他認為那些時常被認為是「天災」的災害，多半都是人類造成的。在他看來，大自然會製造出地震或颶風等威脅，但真正的災難卻是源自於人類在選擇居住地區及防範災害時做出的粗劣決定。二〇一七年我們見面喝酒時，他開玩笑說：「不要再怪神了，這不干神的事。」

人們之所以無法對未來做好充足的準備是因為缺乏知識，這是一種常見的誤解。在卡崔娜颶風中有一位存活者被困在密西西比海岸邊家中的屋頂，他讓我了解到很多時候問題不在於有沒有注意到——甚至不在於有沒有資源。杰・賽加拉（Jay Segarra）是比洛克西基斯勒空軍基地醫院胸腔內科主任，一位備受敬重的醫生，同時也精通洋流科學。然而他並沒有太認真看待號稱會打破當地紀錄的歷史性颶風的警告。他認為只需要一台發電機和手電筒就可以撐過暴風雨了，就像以前一樣。他並沒有買洪水保險。二〇〇五年歷史性的颶風過後，賽加拉還是在一模一樣的地點重建了他的家——距離墨西哥灣大概只有一個足球場那麼遠。

賽加拉發現教育民眾災害的危險是沒有用的。「住在海岸附近的人都知道政府（納稅人）會補償他們。」說到災害後投入受災社區的救濟基金時，他這樣告訴我。他說，如果他和鄰居們被要求全額支付洪水險，或自行負擔暴風雨所帶來的損失，或被禁止住在靠海邊那麼近的地方，也許事情就會不一樣了。「只有這樣做，人們才會停止在危險的區域蓋房子。」

政府的計畫並沒有鼓勵人們為未來做準備——在天災過後幫我們紓困並重建房子，而不是鼓勵我們搬家。大多數的天災警告都沒有搭配足夠的資源，幫助窮人購買補給品或撤離。衝動的決策不能只怪個人。再者，美國文化培養我們面對未來時要肆無忌憚地樂觀——我們覺得自己一定會很幸運，無法從望遠鏡中看見地平線上的暴風雨。（我會在第三部再度說到社群和社會可以如何改變這些做法和規範）。然而，如果我們懂得前瞻，即使僅靠個人的力量，還是可以為天災做準備。

對賽加拉來說，他沒有必要準備，除非他可以想像在卡崔娜颶風襲擊時，他必須悲慘地在時速一百英里的強風中緊緊抓著屋頂的天窗，或者洪水會沖走家族相簿以及一八九〇年在巴黎製造的、他父親曾經演奏過的傳家之寶大提琴。他說，如果他能提前明白這些，他一定會撤離的。

對賽加拉來說，困難在於那些可預見的未來（甚至是可以精準預測的事件）都難以想像。

每次我試圖說服企業主管說他們應該為乾旱及熱浪做準備時，都是利用可靠的預測當作武器，然而像賽加拉這樣的企業領導人，都很難想像這些預報中的情境發生在自己和自己的公司身上。當然，短期看來公司的營收很高，不過這些企業領導人完全不擔憂未來可能發生重大、損失慘重的危險，還是很讓人匪夷所思。風險知覺（risk perception）科學可以解釋他們的自負。

關於未來，人們時常接受那些符合自己期望的資訊，並且過濾掉自己不想聽的部分。我們時常高估自己能活的歲數、自己可以獲得多大的成功、婚姻可以維持多久。這是某種對現實的抵抗。如果某一個預報中的天災最終結果是預報錯誤，或者沒有想像中那麼嚴重，就會加深我們認為不會有任何壞事發生的這種想法，即使過去早就有過糟糕的先例。我們會將預報視為大喊「狼來了」的孩子。

為了未來的危險做準備時，這種盲目的樂觀可能會讓我們麻痺。舉例來說，在二〇一二年颶風季節，羅伯特．邁爾和同事進行實時研究，觀察路易斯安那州及紐約的居民分別在收到艾薩克颶風和珊迪颶風的預報後所做出的反應。他們發現人們會錯估颶風可能對物品或房屋造成的傷害，即使有強烈警報顯示強風、暴風雨和巨浪可能會造成哪些威脅，即使人們已經具備住在洪水高風險地區的知識。人們還會低估他們必須忍受停電的天數。只有少數人會事先做好撤離計畫、購買發電機，或拉下防颱捲門——即使是那些已經擁有防颱捲門的人。有一小部分的人已經事先做好可防止淹水和強風的房屋加固。將近一半的人都是保險不足的。即使媒體大幅報導，警告會發生導致生命危險的洪水，而且暴風雨來臨時天氣預報的收視率破了紀錄，在紐約甚至只有少數人考慮過自己的車子可能會被洪水淹沒。

在做決定時，人類的天性就是會去依賴心理捷徑和直覺，較不在意真實的數據，無論是古羅馬人還是現代的我們都是這樣。我發現這種思考模式說明了為什麼我們再怎麼投資開發更好的預測工具，都很難推動人們做出考量未來的決策。即使老普林尼和塞內卡擁有現代的預報工具，他們可能還是無法阻止龐貝城的毀滅。

人們最重視的危險，是那些我們可以鮮明地想像出來的。一九五〇及一九六〇年代，保險公司會在機場銷售意外死亡險給正要登機的人。這種現場方案讓保險公司賺了很多錢——因為人們感覺在飛機失事中死亡的危機正在逼近、可以想像。瑞士經濟學家赫爾加·費爾都達（Helga Fehr-Duda）及恩斯特·菲爾（Ernst Fehr）認為這種現象和全球人民過去五十年來都沒有為了天災而善加購買保險形成對比。

我曾經聽過知名製片人文·溫德斯（Wim Wenders）形容怎樣的東西會吸引人們的注意——他說是「壟斷視線」。丹尼爾·康納曼等行為科學家將這種扭曲的人類預測模式稱為「可得性偏差」（availability bias），並指出這導致人們誤判了未來的風險。康納曼指出，因為我們可以很輕易地想像這些未來的情境，所以對於恐怖攻擊等不太可能發生的事件的恐懼，或是中樂透這種對未來的不切實際期望就會加強。

當未來的某種特定情境有了更加生動的細節，它就會讓我們感覺更有可能發生，不管實際情況是如何。相反地，如果沒有明確的感官細節，就會讓人覺得那個情境不太可能發生，或根本不可能發生。康納曼發現，如果你問人們，明年加州發生大地震，或北美的某個地方發生災難性大洪水，哪一個機率比較高，多數人都會錯誤地選擇加州大地震，只是因為它有說出明確的地點。

有關恐怖攻擊的電影，以及媒體對樂透得主的報導，會讓我們的注意力轉向這些很少發生的事。跟在浴室滑倒或其他年老之後可能在日常生活中發生的危險相比，我們也許會覺得自己有更大的機率遇到鯊魚攻擊。我們認為自己會中威力球樂透（Powerball），但是會低估難以理解的海平面上升。

說到天災，我們可能會期望強調後果有多麼嚴重的強烈新聞報導能說服人們做更多準備。在暴風雨和地震過後，受到影響的人們確實會購買更多災害險，但是災難後的媒體報導只能提供短暫的效果，馬上就會消失了。這些災害沒有親近感，讓人感覺像是發生在很遠的地方、很遙遠的人身上，而不是我們自己身上。幾年過去了，都沒有發生意外，過去活在災區中的人們就會停止買保險——正好是在他們可能最需要的時候。

暴風雨預報通常都不會讓我們想起沒有好好準備的具體後果是什麼。如果它不只是追蹤即將到來的暴風雨，而是讓主播帶我們觀看過去的災難摧殘我們社區的照片，就可能會有幫助。

要防備未來的危險，光有預測還不足夠，必須搭配想像力。如果我們不能驅使想像力幫助我們達到目的，那麼現代科學在預報方面的革命可能也都沒有意義了。再說，如果遇到我們無法預測的危險，若不拓展可能性的視野，我們就會不知所措、無法事先計畫。

當人類想像未來時（就像我盯著自己的老年照片時）我們所仰賴的是全人類共通的能力。因此我們可以解碼，並擁有遠見。科學家一直很想了解人類為什麼能夠預先設想我們尚未走過的路。

人類會思考未來這件事情，某方面來說已經很神奇了。大多數的動物似乎只注重牠們能得到什麼、什麼時候能得到，不會思考可能造成什麼結果。因為我們無法預知未來會發生什麼，所以必須要運用一點想像力。

有些演化心理學家認為想像未來的能力或許就是人類的獨特之處，也是因此才能贏過速度更快、更加強壯的野獸，稱霸動物王國。湯瑪斯．薩頓多夫（Thomas Suddendorf）是昆士蘭大學的教授，他曾研究過人類預估未來的起源——創新地思考未來可能性的能力。他認為人類之所以特別，就是因為我們能夠設想尚未發生的情況，並讓自己沉浸在其中——這讓我們有能力對抗當下不斷遭遇的誘惑。想像未來會發生的事情，讓我們有動力現在就去構思戰鬥策略，就可以在未來贏過對手。縱觀歷史，我們必須比其他動物更加聰明，因為我們跑得比較慢、也打不過牠們。

近幾年來，包含薩頓多夫在內，有一些研究人員發展出一種想法，認為這種預測未來的能力至少有一部分是仰賴我們的記憶——在我們的想像裡將過去發生的事情重新組織起來。

若要理解這個步驟怎麼進行，就想像一下你如何身處於一個自己所期待的未來場景。可能是在你女兒的婚禮上牽著她的手，或是畢業的那天拿到你的畢業證書。也許是你第一次浮潛，或踏上古羅馬廣場。你可以讓這些影像浮現在你心裡，就像電影投影一般，甚至可以模糊地聽見鳥叫聲或是人群的掌聲。

你剛才做的事情正是被認知科學家稱為精神時間旅行（mental time travel）的人類習慣——利用記憶將心理推進未來的時刻。當你像這樣在心裡投射未來，你是在重新塑造以前經歷過的事情的影像和感官——你童年體驗過的，曾經在電影或照片裡看過的，曾經聽過別人講的事情。你不需要親自體驗這些事情才能想像未來的自己在這個情境裡。

路易斯．卡洛爾（Lewis Carroll）在《愛麗絲鏡中奇遇》（*Through the Looking-Glass*）之中描寫的鏡子背後的奇幻世界裡，白皇后告訴愛麗絲，她只記得未來——下下週會發生的事情。某方面來說，我們所有人都會記得未來。思考未來的事情必須依靠情節記憶（episodic memory）來預期我們還沒體驗過的。情節記憶就是我們回想畫面的能力，不是只記得事實或技能。即使我們會像不可靠的目擊證人一樣扭曲自己過去的成功和失敗，我們仍然能做到這件事。

哈佛大學心理學教授丹尼爾．沙克特（Daniel Schacter）告訴我，嚴重的失憶症患者通常無法回憶過去、也無法想像未來。無論要求他們回想去年參加一位朋友的婚禮，還是要他們想像下週參加一場婚禮，他們都只會腦中一片空白。沙克特認為，這顯示出人類演化成記得過去發生的事情，也許是為了擁有想像力，使人類可以想像可能發生的危險或可能隱藏的機會，這是一種生存技能。這種記憶功能可以解釋為什麼我們回想的能力有這麼多缺陷——讓犯罪的目擊者指證錯誤的嫌疑人，或讓我們為了七年前某個晚餐派對上到底發生了什麼事情而跟伴侶吵架。要讓過去的經驗對未來產生用途時，重要的是主旨，而不是完整的細節。

有幾種習慣可以作為心理時間旅行的輔助。衛斯理學院（Wellesley College）心理學教授崔西．格里森（Tracy Gleason）認為，其中一項就是心不在焉。也許心不在焉就可以有更多自由空間去收集並重組過去發生的事情。

格里森研究兒童的想像力。（她告訴我，許多著名的作家在兒童時期都擁有幻想朋友。）二〇一六年我們喝咖啡時，她向我描述她打算跟家人去科羅拉多露營的旅行計畫。他們不是狂熱的露營家——事實上，她的丈夫很擔心睡在開放的野外。為了準備這次的旅行，她在心裡設想一整天的行程下來，她的家人可能會遭遇什麼困難、可能會體驗到什麼冒險。「到時候要怎麼喝咖啡？記得把攜帶式咖啡機帶著。開車到營地的途中孩子們要做什麼？得帶一些遊戲才行。如果遇到熊要怎麼辦？」她必須想像並規劃解決這些問題的方法。格里森產生情境的過程不具有特定的形式，她就只是東想西想，而不是像現代的預測專家一樣使用演算法預測未來。重點是要有創意地預測未來的事件，包含危險和機會。

格里森承認，對某些人來說，像這樣想像未來會造成讓人無力的焦慮——讓他們擔心所有可能出錯的事情。她說重點就是要試著認為自己有能力可以解決未來會出現的所有問題。換句話說，要讓自己從擔心害怕變得有生產力，就是要想像自己對未來所發生的事情做出反應並且成功解決問題。

這就表示，這可能不只幫助我們想像在地震或暴風雨來臨時會發生什麼，還能幫助我們想像可以怎麼應對——無論是事前的預防措施，還是在未來的當下。雖然預測未來發生的災難會讓我們感覺像受災戶，但利用遠見來做出預防，可以讓我們感覺自己像是正在展開的故事中的英雄。

當我們心不在焉時，我們是正在思考跟當下需求無關的事情。心理學家班傑明・貝爾德（Benjamin Baird）研究人們做白日夢的時候在想什麼，他發現我們無意識的想法主要都是關於未來的，目的是幫助我們替未來做規劃。相反地，如果讓人做需要高度認知能力、必須將精神專注於當下的事，就會限制我們能思考未來的空間。心不在焉會讓我們從當下的緊要工作上分心，但是也讓我們擁有預估未來的天賦。

當我們成功地想像出未來，就有可能讓我們當下的感官產生變化，可能推動我們現在的選擇。過去十年來，研究顯示出如果邀請人們想像特定未來事件的詳細場景，就可以讓酗酒者對抗購買酒精的衝動、鼓勵青少年有更多的耐心、讓美食街裡的肥胖者少吃垃圾食物並選擇更健康、卡路里更低的食物。去想像富含恐懼或美好細節的未來，會動搖現在的我們，因為它讓我們產生那樣的感受。

想像中的未來也會讓我們為了未來可以獲得的事物而堅持不懈、忍受痛苦。舉例來說，想像畢業的那一天，可以讓你撐過讀書考試或寫期末報告。這樣的力量同時也具有邪惡的潛力——曾經有獨裁者利用想像中的未來（例如來生可以脫離苦難），讓人們在當前的折磨中得到安慰。

二〇一七年我和馬歇爾．甘茲（Marshall Ganz）見面，他是哈佛大學甘迺迪政府學院（Kennedy School of Government）的社會學教授，是我研究所的指導教授，也是全世界數千名社會運動人士的導師。他研究社會正義運動的內在結構。

甘茲相信，關於未來的想像對社會運動的成功有很大的影響，因為在人們遭遇挫折時，它可以給予鼓勵並使人繼續前進。他曾親自體驗過這種經歷。

甘茲在南加州長大，他的父母是猶太拉比和學校教師。一九六四年他是一名大學生，在被稱為自由之夏（Freedom Summer）的那個夏天前往密西西比，去幫助黑人選民。當他看見自己所做的事情能幫助人們鞏固基本人權，他就沒興趣回學校讀書了，所以他辦了退學，並成為一名社運人士。他很快就在加州加入聯合農場工人（United Farm Workers）運動，做西薩・夏維茲（Cesar Chavez）的重要策略家。他過了二十八年後才回到校園完成正式學業，在二十世紀親身參與重要社運數十年後，才取得學士及碩士學位。

「這種關於未來的幻想必須要真實到你可以清楚看見它，」他說，「在農場工人運動中，就是讓工人在田野中有廁所、不用出錢賄賂，以及擁有醫療資源。而不是抽象的幻想。」他說在美國人權運動當中，最成功的那些都是讓社運人士可以清晰地想像特定的未來情景並獲得動力，例如黑人和白人坐在同一個餐廳吧檯，或是在公車上可以任意選擇座位。這個情境不需要是在某個特定日期一定會發生的事件，但必須是較為生動的景象，讓人們有動力忍受短期的身體疲勞和抗議及示威時所遭受的暴力。

馬丁・路德・金恩（Martin Luther King, Jr.）會和他的家人一起觀看《星際爭霸戰》初代電視劇，部分原因是劇中描寫了虛構的未來，有一位黑人女性上尉烏瑚拉（Uhura），是企業號上的第四號指揮官。在一場美國全國有色人種協進會（NAACP）募款活動中，他曾對出演這部電視劇的女演員妮雪兒・尼柯斯（Nichelle Nichols）說，她飾演與其他種族男性平等的優秀黑人女性，為人權運動注入活水，讓人感覺社運人士當下的犧牲可以在未來結出平等的果實。宗教經典中明確描寫的關於應許之地的願景，也支撐著社運人士對於不一樣的未來的想像。

我們知道想像中的未來可以讓人們產生動力，即使那個人可能一輩子都來不及親眼見到自己努力的成果。許多人權鬥士都來不及活到美國第一任黑人總統當選的那一天。同樣地，有一群退休的NASA科學家在八十幾歲時一起建造幫助未來人類能在火星上呼吸的機器，因為他們想像中的壯舉已經超越了他們的壽命。當我聽說這群科學家的事蹟時，我感到非常驚嘆，因為我連自己的人生都無法想像了。對我來說，眼前的路似乎比他們對於宇宙的觀點還要更加黑暗。

人類模擬未來事件的能力，雖然和同類動物相比已經很了不起，但跟真實世界的需求相較之下還是很有限。當我們持續專注在眼前馬上要發生的事（在我們這個時代就是這樣）就會很難做白日夢、想像未來情境。

我們無法完善地想像和過去不一樣的未來，而過去的經驗（例如維蘇威火山爆發之前發生的地震）也時常不足以讓我們想像未來。我們的腦袋就只能想到這麼遠而已。

在查爾斯・狄更斯（Charles Dickens）雋永的小說《聖誕頌歌》（*A Christmas Carol*）中，艾比尼澤・史古基（Ebenezer Scrooge）經歷了未來的聖誕鬼魂（Ghost of Christmas Yet To Come）到訪之後，才真正開始害怕自己現在的行為所造成的後果。他需要有人幫助他在想像中經歷過去和未來——更不要說正在他家房子外面發生的一切。三個鬼魂的到訪改變了他，使他第一次願意將自己的財富分享給有需要的人。

為了讓我們想像未來的能力有所提升，必須找到屬於我們的眾所周知的鬼魂——我們需要習俗和工具來幫助我們體驗不曾經歷過的事。我們需要能看見更長遠的路的方法。

自從知道了海爾·赫斯菲爾德使用虛擬實境模擬老人所進行的研究後，我就很想更加深入了解那些可以幫助我們想像的科技。史丹佛大學虛擬互動實驗室的研究人員傑瑞米·貝倫森（Jeremy Bailenson）創造出模擬環境，讓人們可以像蜘蛛人一樣在城市裡飛行穿梭，體驗擁有超能力並無私助人的感覺；吃下每天沖澡時消耗的熱能所需要的煤礦量，讓人們親身感受化石燃料的消耗；體會身為不同種族的人的經歷。

二〇一六年，當我在虛擬實境實驗室裡，坐在一個正方形小房間內，戴上耳機後，我就被傳送到一間倉庫裡。我站在一塊頂多只有一個腳掌寬的木板上，在一個深不見底的大洞的上方三十英尺處。我走在木板上，一位研究人員問我願不願意從木板上往下跳進洞裡，我猶豫了。我在現實生活中曾經從更高的懸崖上往下跳，不過是跳進水裡。

我知道理論上這個體驗不是真實的，但我的身體還是被欺騙了。我顫抖著，並感覺到心跳加速，鼓起最大的勇氣之後，我終於跳下去了。我踉蹌了一下，然後「落地」了，就好像我真的是從很高的地方跳下來一樣。事後我得知來到實驗室的數千人之中，有三分之一都不願意跳下去，因為這個體驗實在太過真實，我就覺得剛才自己這麼害怕其實也不算什麼。

下一秒，我就和多采多姿的魚群共游在鮮豔的珊瑚礁，就像在浮潛一樣。接著模擬的畫面就進入一片珊瑚礁，只有死亡的珊瑚，而且沒有魚群——這是模擬出來的二一〇〇年珊瑚礁模型，如果人類不停止排放二氧化碳污染大氣的話，海洋就會暖化、酸化。在我離開實驗室以前，我還嘗試了當一個衣著暴露的豐滿金髮女人、年老的白人男性、被穿著西裝的老男人大吼大叫的黑人女性的感覺。這三種身分都讓我產生意想不到的體驗。我感覺這不只是思想實驗，或使用新潮儀器獲得的驚嘆感。身為被大吼大叫的黑人女性，或者被一直盯著看的金髮女人，引發我的各種情緒，傷心、恐懼、挫折、自尊、羞恥。身為年老的白人男性讓我感覺充滿權力。我還是不能說我完全體會到那些人的感覺，但我比以前更加接近了。

這些體驗之所以感覺很真實，其中一個原因是雖然我的理性告訴我這都是模擬出來的，但是那些聲音和震動會加強我對於看到的景物、我所做出的動作的想像力，貝倫森和他的同事將之稱為「觸覺回饋」（haptic feedback）。當我跳進坑洞裡，地板會震動，因為我腳底下有「低頻震動器」（buttkicker），當感應器偵測到我的腰部及腳踝動作，它就會傳出隆隆聲。飛機等級的鋼鐵鋪在地板下，會像水管流水一樣傳導震動。

這些技術讓我的大腦認為，我不是站在帕羅奧圖的一間了無生氣的會議室裡鋪有地毯的地板上，而是真的跳進了倉庫內深不見底的洞裡，或是真的在熱帶水域裡游泳。貝倫森的研究顯示出，比起單純閱讀海洋酸化危機的相關文章，在那兩個不同版本的珊瑚礁（現在和未來）之中游過泳的人，會比較擔憂全球海洋現在面臨的威脅。與有看過環境危機主題電影的人相比，他們的擔憂也會持續得更久。他認為這是因為他們所接受的體驗對自己的情緒和體感產生了影響，可能也潛在地烙印在他們的記憶裡。

我們還不清楚像這樣的科技可以影響人們的判斷、改變我們的決策到什麼程度，但是這些工具已經開始在商業上使用了。布蘭．費倫（Bran Ferren）曾任迪士尼幻想工程工作室

（Imagineering studio）研發主管，以及科技設計公司Applied Minds執行長，他發明了一種看起來像太空裝的高齡者模擬體驗裝（aging suit）。這套體驗裝會讓穿戴者的視線變得模糊，以模擬白內障及黃斑部病變，並讓穿戴者的關節變得僵硬，以模擬關節炎，這樣穿戴者就可以體驗變老的感覺。一家販賣老人長照險的公司使用這套體驗裝來鼓勵人們思考人生接下來可能會面對的長期風險——然後購買保險。金州勇士隊能成功招募到NBA球星凱文·杜蘭特（Kevin Durant），部分原因是他們讓他虛擬實境體驗自己未來可能可以在舊金山灣區度過的生活。美國國家美式足球聯盟（NFL）有些球隊會使用虛擬實境讓球員練習面對比賽時的各種情況，創造出在真實的球場上無法做到的虛擬比賽和情境。

虛擬實境工具也被應用在訓練初期應變人員（first responder）應對颶風或恐怖攻擊等災難，這樣他們就可以練習。伊拉克的醫護人員透過虛擬實境工具學習如何在戰場上檢傷分類，緊急救護技術員也學習如何應對大量傷患，例如波士頓馬拉松爆炸案等情況。

研究人員收集了人們使用高品質模擬器時的生物識別數據，發現他們大多數的反應都和真實體驗時一樣，脈搏會加快、分泌腎上腺素、血壓升高又降低。這樣看來，虛擬實境可能不只會觸發關於未來場景的想像，也許還可以欺騙身體感受到未來。

這些技術尚未被應用在更廣泛的地方，幫助一般人在日常生活中想像未來的天災風險，但是VR眼鏡的成本越來越低，製作模擬器也越來越容易了，也許之後我們可以利用這些工具，在播放預報和警告時輔助人們想像。貝倫森正在努力實現這件事，他說：「在虛擬實境裡，天災不會造成任何損害，也沒有人會受傷。」市政府也許可以做出模擬器，幫助人民了解到他們無法開車通過有淹水的街道，或者如果他們不裝設防颱捲門的話，房屋受到的傷害會比想像中更大。社區甚至可以在人們要在斷層帶或海邊蓋房、買房前，幫助人們想像這裡可能發生的危險。

這些工具最讓我感興趣的地方並不是它們是萬靈丹，而是這顯示出我們可以為了想像未來而開發出技術，而不是為了獲得立即的滿足。新工具讓我們有能力召喚未來，就好像在我們心裡的電影院點亮了投影機。設計師阿娜布・珍（Anab Jain）是位於倫敦的未來主義公司Superflux創辦人，她說有一次她嘗試說服阿拉伯聯合大公國的政府和商業領袖，考慮一下未來也許可以減少杜拜和阿布達比等擁擠城市馬路上的汽車數量。

「我無法想像未來的人們會不再開車並開始搭乘大眾交通工具，」一個男人看著她的城市模型說，「我不可能叫我的兒子不要再開自己的車。」接著珍向領導人們展示了她在實驗裡製作出來的惡臭空氣，模擬二〇三〇年嚴重污染的城市空氣。隔天，領導人們就宣布要投資再生能源。

對未來的想像並不需要新奇的複雜科技。即使沒有VR眼鏡或化學實驗室，人們還是可以創造出想像未來的辦法，例如召喚史古基的鬼魂。

也許僅僅是建議，就已足夠召喚某些特定的鬼魂。舉例來說，普林斯頓大學經濟學家艾爾克・韋伯（Elke Weber）要求數百個人形容自己希望如何被後世記住，她發現之後這些人就會為了未來而做出更加明智的決策，例如捐款以阻止氣候變遷。同樣地，德國的研究人員也發現，比起觀看投影片裡一個女人處在困境裡，要求人們想像那個女人在二十二世紀居住在一個更熱的星球，並想像很多實際的細節，他們就會對氣候變遷更感興趣。你可以將它稱為啟發人們富有想像力的同理心。

二〇一五年在麻州有兩名研究生利用這些研究著手推動一項計畫，以幫助人們想像未來。崔莎・史朗姆（Trisha Shrum）和吉兒・庫比（Jill Kubit）既是經濟學者，也是母親，所以她們特別擔憂氣候變遷將對自己的孩子造成什麼影響，但她們明白很難讓這種對未來的抽象擔憂成為人們日常生活的一部分。她們啟動「親愛的明天」（DearTomorrow）計畫，邀請全球的人私下或公開寫信給五十年後自己的孩子、孫子，或未來的自己，目標是將這個做法傳播出去，她們的努力已獲得不少獎項。

收信者是五十年後的人，尤其又是小孩子，可以讓人們把現在的注意力鎖定在未來。寫信給未來讓我們可以確實地投射出想像，讓現在做出的選擇所造成的結果變得更明確。史朗姆和庫比打算研究這樣寫信是否真的有改變人們現在的選擇和行為。我最近為了自己的理由而採用她們的做法，我寫信給三十年後的自己，同時想像現在做了各種不同的決策，分別會是什麼結果。比起看見自己老化的照片，這樣的做法更加強而有力。

我們可以和家人一起培養想像未來的習慣。數年前，西雅圖企業家麥克・赫布

（Michael Hebb）在自己的四十歲生日晚宴上出現在一口棺材裡。赫布的父親在他青少年時因為阿茲海默症而去世，他希望讓自己生命中的人（包含自己的孩子）談談他終將到來的死亡，並讓人們分享自己理想中的死亡。雖然死亡是孤獨的，赫布發明了一個大家一起進行的做法，讓人們和家人一起來討論無可避免的老化和死亡。他發行一本免費的劇本，供大家舉辦晚宴時使用，內容有詼諧也有嚴肅，目前估計在許多國家有超過十萬人會舉辦這樣的晚宴。他把這項運動稱為「死亡晚宴」（Death Over Dinner）。我認識的一位朋友也會和他的朋友舉辦類似的活動，每年聚會一次，每個人各自寫下自己的訃聞，然後大聲念出來給所有人聽。這是一年一度的儀式，讓你想像自己處於生與死之間。

對某些人來說，想像自己的未來是很容易的一件事，或甚至可以想像自己的孩子未來的人生。對於有野心的人來說，還可以在現在召喚遙遠的、在日常思考之外的未來。

在德州南部奇瓦瓦沙漠裡一塊險惡之地裡隱藏著一個鬼魂，它的目的是像這樣讓人們延伸自己的想像，遠遠超越生命的盡頭。丹尼．希利斯（Danny Hillis）是一位工程師，他曾造出世界上最先進的科技，他正在召喚鬼魂。

一九八〇年代早期，希利斯還是麻省理工學院的博士生時，他發明了全世界最快速的電腦之一，稱為連結機器（Connection Machine），它是平行運算超級電腦（parallel supercomputer），可以同時進行多項運算，希利斯將它當作製造人工智慧的工具（他的公司的座右銘是「我們正在建造一台會為我們感到驕傲的機器」）。而現在用來模擬人類大腦神經迴路、預測複雜天氣型態的超級電腦，仍然在使用類似的技術。到了九〇年代，希利斯在迪士尼工作，與布蘭・費倫一起率領幻想工程工作室，發明全球的多媒體主題樂園遊樂設施和展覽館設施。

希利斯在太空時代科幻作品中長大，當時盛行對未來宇宙探索及科技進步的理想願景。但是到了一九九〇年代，他開始覺得人們再也不思考未來、不對未來懷抱夢想了。某個夏天當我們坐在他家後院時，他思考著：「千禧年變成了人類的一個障礙——人們不再去思考二〇〇〇年以後的事了。」他覺得每度過人生的一年，他的未來就縮短了一年，他渴望感受某種超越時間的重大意義，並活化自己的想像力。於是他開始夢想著要創造某個能將他的心靈傳送至遙遠未來的東西——某種從來沒有人嘗試過的工程壯舉。他的想法是建立一座可以運行一萬年的時鐘。

一開始那座時鐘只是個幻想，但現在已經開始建造，位於這座時鐘的資助者——亞馬遜創辦人傑夫・貝佐斯（Jeff Bezos）——在德州所擁有的一塊地裡，一座五百英尺高的石灰岩山丘上。在那裡，山谷裡的灌木叢中有尖銳的仙人掌、長滿荊棘的油木叢，低矮的山丘在鋸齒狀的岩石中隆起，山丘上沒有人類開闢的道路。希利斯認為時鐘可以在這樣的沙漠氣候中存留很久，所以即使它隱藏在一個人跡罕至、廣闊的私人土地裡也沒關係。

為了做出容納時鐘的空間，希利斯和一支由礦工及酒窖設計師組成的不可置信的團隊，用炸藥在岩石上炸出一個隧道。他們用機械鑽石鑽頭刻出一座有三百六十五階的樓梯，代表一年三百六十五天，走到底就會到達時鐘。

比起希利斯的超級電腦或任何其他的發明，這個機器必須運作得更慢、更久。時鐘的軸承將會採用陶瓷製作，窗戶則是使用藍寶石。它不是用定義超級電腦速度的毫秒為單位來計時，而是年、百年、千年。

鐘擺的動力是來自日夜溫差（每年夏至會進行一次校準，時鐘的空間會打開，讓陽光照進去）。希利斯的構想是，只要有參觀者進入這座時鐘，無論他們是什麼時候來的，都會用轉盤幫它上發條，錶面會顯示當天的日期、時間，還有天體的排列——從地球觀察的夜空中星體的位置、太陽，以及月相。

希利斯發現，建造這座時鐘讓他有了一個思考遙遠未來的理由。為了讓這座時鐘能運作那麼長的時間，必須考慮到許多細節，而這是一種想像訓練，要想像在這座時鐘運作的期間內有什麼事情可能會改變。舉例來說，在一萬年內，地球可能會發生劇烈的火山爆發，導致陽光被遮擋，所以必須要有辦法儲存足夠的動力，即使地球有一百年都籠罩在黑暗之中，鐘擺也要繼續擺動。語言很有可能會改變，所以他和合作者開發了「羅塞塔圓盤」（Rosetta disk），打算製作許多份，散落在全球各地，讓未來的訪客可以當作解碼戒指使用。對於希利斯來說，思考時鐘讓他感覺氣候變遷等抽象問題變得更加實際了。他要建造一座堅固的，即使地球發生了他本人或他的孩子們都無法親眼見證的改變，也足以抵擋的東西。

希利斯將這座時鐘的構思分享給其他人，他們立刻就被深深吸引了，其中包含未來主義及科技領袖史都華．布蘭德（Stewart Brand），以及音樂家布萊恩．伊諾（Brian Eno）。他們成立了今日永存（Long Now）基金會，以管理時鐘，並招募了超過八千名有志之士加入。這些會去想像一萬年後的未來的基金會成員形成了某種次文化，或者應該形容他們是「一群思考未來的人的互助會」，這是某一位成員曾經對我說的。有些人會問說我們要怎麼創造一套可以延續一萬年的法律架構？有些人會考量天氣或注重工程問題。這座時鐘讓他們開始想像不可知的一切。

在世界上還有其他團體也在鎖定想像中的遙遠未來。位於德國哈伯斯塔（Halberstadt）的聖布爾赫德教堂（St. Burchardi Church）裡面的管風琴正在演奏約翰．凱吉（John Cage）所創作的《越慢越好》（*As Slow as Possible*），沒有明確的拍子記號，預計演奏完成需要超過六百年。在演奏的途中會對管風琴進行拆卸和組裝，加入或取走音管，為下一個要演奏的音符做準備。每年最多可以聽到兩個音。某方面來說，這首音樂作品是一次跨越世代的合作，也是希望可以長久維持一項機構和一種樂器的關聯。

這些奇怪的實驗讓人想起一九七七年為了與可能存在的外星人溝通而被發射到太陽系的航海家探測器。探測器帶著金唱片，上面有孩子的笑聲、大象叫聲、納瓦荷（Navajo）族歌聲、巴哈的協奏曲，以及戰鬥機的音檔。裡面還有人類性器官、一名登山者，以及泰姬瑪哈陵的圖片。全球人類都對這個從地球送出去、試圖和外星生命交流的人造物很感興趣。天文學家卡爾・薩根（Carl Sagan）是這項計畫的主持者，他表示這項計畫的宏大目標是定義人類和地球上的人類文明。現在，時鐘和管風琴實驗（無論它們到底有沒有堅持到永遠）也許是最有力的幫手，可以幫助現在的人類思考遙遠的未來，並將自己視為廣大的時間長河之中的一部分。

即使沒有預算和動力在沙漠裡建造巨大的時鐘，我們仍然可以找到想像未來的方法——無論是寫信給未來的自己或想像中的曾孫、撰寫自己的訃聞，還是打造某樣希望能在我們死後還繼續存在的東西。這個步驟也許很簡單，比如在住家附近種一棵樹、捐書給圖書館，或是打造一座多年生花園，但它們卻可能成為一種強而有力的做法，讓我們想像未來。我們也可以更常自由自在地幻想未來，這樣一來不論是好事還是壞事，對我們來說都會變得更加真實。大多數人不會每一天、每一小時都有空做這件事，但還是可以撥出一點時間給未來的自己，可能是每個月一天，每週一小時。我們甚至可以將未來可能發生的事情當作過去的記憶，想像自己在那些情境之中做出應對、克服困難，藉此窺探路的更前方。

我們所面對的挑戰是，即使我們有能力想像未來，也很難克服當下的需求。

第二章

緊盯儀表板

——計算重要的事情

「又乾涸了嗎？」螃蟹問潮水池。

「是的，」潮水池回答，

「如果你必須一天兩次應付永不滿足的大海。」

——西里爾．康諾利（Cyril Connolly）《不安的墳墓》（*The Unquiet Grave*）

我有一個朋友曾經著迷於計步。她參加了工作單位舉辦的塑身比賽，希望可以趁機讓自己變得更健康。她的公司發給彼此競爭的員工一只Fitbit運動手錶——就像是數位版的嚴格女教官，無時無刻都在追蹤配戴者的每一個動作。

有一天我在肯德爾廣場遇到她，肯德爾廣場是位於麻州劍橋的一個繁忙科技據點。我問她現在進度怎麼樣，她說她發現她的隊伍處於落後狀態，所以她就在每天的固定行程當中加入了午後的短暫散步。但是她承認為了增加步數而加入的這趟散步，途中會經過一間好吃的麵包店，她總是會在那裡買一、兩個糕點，走回公司的途中就把糕點吞下肚了。參加比賽之後，她體重增加了幾磅，但是她的隊伍卻領先了，作為一種進展的指標，她每天多走的那些步數取代了真正的塑身目標。這營造出一種健康的假象，即使她攝取了過多的糖分。

現在有許多感應器和裝置，讓我們幾乎可以追蹤生活中的每一個面向，並持續地時時測量我們的進展。作為交換，科技業者取得數據，相當於二十一世紀的石油與電力。運動員將自己的靜止心率製成圖表；期貨交易員察覺到天氣預報中微小的波動；憂鬱的人追蹤自己每時每刻的心情改變；家長監控孩子的睡眠習慣和尿片潮溼程度。

到了二〇二〇年，在地球上會有數百億個感應器，讓我們更加詳細地監測日常行動。無所不在的數位量尺讓我們得以更加細微與頻繁地收集數據。然而，科技不過是加快測量微小進展的長期文化趨勢的速度而已。作家丹．佛克（Dan Falk）指出，在莎士比亞那個時代，一個「片刻」代表的可能是一個小時，而且莎士比亞也沒有在任何著作中提到過一秒鐘有多長。他還說，喬叟（Chaucer）也不知道一分鐘有多長。

這麼多測量的好處是讓我們可以看清自己現在的情況。就像機警的守衛，我們所收集的數據可以讓我們得知現在是否有偏離進展的道路。舉例來說，看到體溫很高，我們就知道要吃普拿疼或是看醫生了。測量也讓我們在邁向艱鉅的目標時可以不斷達成階段性的成就。計算步數可以鼓勵人們做更多運動，讓我們把一萬步當成每天的目標。我們記錄公司獲利、網頁瀏覽量和考試分數，試圖加以改善，好讓我們多賺一些錢，增加一些瀏覽者，進入理想的大學——簡單來說，就是在人生中獲勝。當我們收集更多資料，我們變得更加依賴指標——我們最能測量的近距離目標——作為日後成功的預兆或是未來危險的警告。反正這似乎是有益無害。

維傑．馬哈揚（Vijay Mahajan）在二〇一一年初開始進行八十天的印度全境朝聖，思考一個迫切的問題：到底哪裡出錯了？

更重要的是，他思考過去這三十年他是否都在浪費人生。他大部分的事業都投入在拯救窮人，建立一個能打破貧窮循環的產業。現在，他來到甘地道場（Sevagram Ashram），印度中部一個簡樸茅屋村子，聖雄甘地於一九三〇年代後期與一九四〇年代早期在這裡擘畫印度的和平革命。庭院與祈禱場四周種滿芒果與無花果樹。馬哈揚三十年前來過這裡，那時候他是個充滿理想的年輕人，還沒有遭遇到打擊他的事件。

旅程才第一天他便已感到疲累，步履蹣跚地來到甘地接見世界各地訪客的竹葉棕櫚屋頂茅屋。入口處寫著甘地認為的社會七大罪，其中之一是「沒有道德的商業」。

早在朝聖之前，馬哈揚便已創設印度最初的微型信貸（microcredit）機構之一，借錢給印度農村窮人和都市貧民窟的人。微型信貸的服務提供極少的金額，有時少至一百美元，協助家庭與農民購買牲口及創立小企業。

之後的數十年，印度成為全球微型信貸的領導者。包括馬哈揚設立的機構，這類企業放款給以往無法在傳統銀行與正規放款機構取得融資的數百萬人。他被喻為印度興盛的微型金融業的先驅，並在全球公開倡導這項運動。二〇〇二年，施瓦布基金會（Schwab Foundation）評選馬哈揚為全球六十名傑出社會企業家之一。二〇〇九年，《商業週刊》（*BusinessWeek*）提名他為印度五十位最具權勢人士之一。

然而，到了二〇一〇年秋天，這個曾被微型信貸業譽為救世主，並且是最大倡導者的人，被唾罵為惡棍。人口相當於哥倫比亞全國的印度南部安得拉邦，爆發村民自殺潮。他們控訴微型信貸業者的欺凌。數百人自殺，出於無法償還微型貸款的羞愧與絕望。邦政府指責這個躁進的產業，利用這起事件作為藉口來禁止民間放款機構，包括馬哈揚的公司。同時下令村民們不必償還貸款。

這場危機在我父母出生的國家展開之際，我密切追蹤相關新聞。這似乎是一場不必要的悲劇，令我感到不安。在我印象中，微型信貸是幫助窮人、滿足他們卑微卻遭漠視的信貸需求的巧妙方法。數年後，我想要充分了解情況，於是我去訪問了馬哈揚。

在危機當時，他告訴我，印度主要微型信貸公司的大部分貸款都集中在安得拉邦。邦政府的回應幾乎毀掉馬哈揚的公司BASIX，並且震撼了印度整個微型信貸業。BASIX流失一百多萬名信貸客戶，馬哈揚裁減九千名員工，大多是到現場工作的放款人員。他認為自己的鄉村發展模式與其他私人微型金融放款業者不同，但到頭來似乎沒什麼差別。他跟安得拉邦以及全國其餘放款機構一同被掃除。他的公司負債超過四億五千萬美元。

當時，馬哈揚開始懷疑他的公司對貧民帶來的傷害大於好處。他和這個他大力推動的產業是如何由道德高地墜落的？

二〇一一年一月，甘地遇刺六十三週年，馬哈揚展開尋找真理之旅。「人們的心聲是什麼？」他在日記裡寫著。在後來的幾個月，他穿越了三千英里的國境，拜訪古老的寺廟，路邊的回收場、花販的攤位，和一名盲人的電話攤子。他徒步及開車經過印度的窮鄉僻壤，行經村落、貧民窟和農場，向窮人請教。

馬哈揚在五十七歲那年展開這趟旅程。在旅行當中，他長滿落腮鬍，髮際線卻不斷後退。大多數的朝聖日子，他都穿著一襲束腰及膝的棉質庫塔（長版上衣）。

他的說話方式謹慎而流暢，姿態令人注意。他的氣質很不像是一名企業人士：他解析葉慈與奧登的詩句跟解析金融模型同樣自在。二〇一六年我們初次會晤時，我便對他傾向自我反省感到神奇，在那種情況下，許多人會選擇否認或自我辯駁。在危機襲擊安得拉邦與微型信貸產業之前，馬哈揚已在考慮提早退休。但在事發之後，他覺得自己不能一走了之。

馬哈揚於一九五四年出生於印度西部的浦那（Pune），這個城市被翠綠山丘環繞，因當地大學之故而被稱為「東方牛津」。他的父親是一名軍官，他是家中第四個兒子。他的三個哥哥跟隨父親去從軍。家裡成為中產階級之後，他被送去讀英語學校，在齋普爾（Jaipur）

沙勿略學院與耶穌會士一同學習，那裡是印度雄偉皇宮的所在地，一座充滿大君傳奇的城市。他培養出對英國詩詞與文學的喜愛，也對科技產生興趣，並且成為明星學生，被推薦進入印度理工學院。

他成長於風起雲湧的一九七〇年代，西北部古吉拉特邦的學運人士抗議糧食價格上漲，東北部比哈爾邦發起社會運動抗議政府貪腐。總理英迪拉・甘地（Indira Gandhi）的政府打壓這些蔓延社會運動，限制公民自由，並且逮捕反對黨領袖。馬哈揚看到年輕人在這些騷亂之中崛起，成為領導人，為貧窮弱勢族群而抗爭。他的內心覺醒，決定終身奉獻於社會運動。

然而，他多年遲遲沒有行動。他被民間產業穩定且高薪的工作所吸引，同時希望取得企管碩士學位。回首往事，他把那個時候的自己比喻為尚—保羅・沙特（Jean-Paul Sartre）小說三部曲《自由之路》（*Roads to Freedom*）的主角馬修，最初一味相信值得稱讚的意識型態，之後投身於二戰歐陸的反法西斯運動。馬哈揚不久便明白，他必須實踐理想才能堅持理想。他在研究所認識日後結縭的妻子莎維塔（Savita），她鼓勵他從事公眾服務，從此確定他的命運。

一九八〇年代初期，剛從研究所畢業的馬哈揚開始為窮人服務。非營利機構「全民合作農場協會」（Association for Sarva Seva Farms）招募他到比哈爾邦的農村工作。這個組織是受到甘地的追隨者維諾巴・巴韋（Vinoba Bhave）啟發而創立，後者在五〇年代及六〇年代走遍印度各地，勸說富裕地主捐出土地給窮人。由於他的土地贈與運動（Bhoodan movement），沒有土地的貧民獲得至少二百四十萬英畝土地可以耕種。印度的許多地方，包括比哈爾邦，即使到了八〇年代，土地仍然沒有開發。馬哈揚胼手胝足，與農民一起開墾土地，移除石塊，挖鑿灌溉用水井。

沒多久，他便遇到比窮人的土地是否適合耕種還要嚴重的問題。他們時常有創業的志向，卻沒有受過創業的訓練。他們缺乏在銀行帳戶存錢或取得貸款的正式管道。數年後，馬哈揚成立一個非營利機構，招募專業人士，包括企業人士、醫師和獸醫，協助農民自行創業。他試著說服當地銀行提供開設農場及小企業的貸款，卻發現傳統銀行業不願借錢給拿不出擔保品也沒有信用史的人。

一九九四年，馬哈揚知道了穆罕默德．尤努斯（Muhammad Yunus）在孟加拉推行的運動。經濟學教授尤努斯目睹他的祖國在一九七〇年代發生的饑荒，於是開始把他自己的錢小額借給村莊裡的貧窮婦女。他發現，有了小額貸款，婦女便能經營竹製品的事業，而且她們準時償還貸款給他。看到這個契機，尤努斯創立了孟加拉鄉村銀行（Grameen Bank），並且產生極大影響力，全世界各地都出現類似銀行與企業。二〇〇六年，尤努斯獲得諾貝爾和平獎。

受到尤努斯的啟發，馬哈揚決定在印度創設借錢給窮人的類似機構。一九九六年，他成立了BASIX。他的第一批貸款得之不易。馬哈揚必須說服印度央行（Reserve Bank of India）同意商業銀行借錢給他的公司，好讓他的公司再借錢給窮人。他同時必須募集慈善捐款和外國援助，因為他和其他共同創辦人沒有足夠資本可供放款。

他的努力獲得了回報。其他放款者開始進入印度市場，提供微型貸款。等到客戶償還貸款，資本額擴大，就可以放款給更多人。

可是，到了二〇〇〇年代初，馬哈揚對於靠著乞討捐款才能經營感到擔憂。他覺得可以把他的社會使命跟微型信貸的營利公司兩相結合。於是他把BASIX調整成為一家控股公司，設有一個以營利為目的的微型放款子公司，並且讓這個子公司接受外國股權投資人。這家子公司補貼其他較無獲利的事業，同時BASIX為貧農提供雨季及收成保險、給農場牲口施打疫苗、商業訓練和儲蓄計畫。

凡是去過印度的人必然對強烈的色彩、濃厚的氣味，和持續不斷、震耳欲聾的聲音感到震撼。嗚喇叭的電動黃包車掛著金盞花環。塗著薑黃的牛隻造成交通停頓。路邊廚房傳出的香料味和柴油味一併飄進鼻子裡，汽車音響發出如雷貫耳的邦格利（bhangra）音樂節奏。

然而，在印度旅行時，對我打擊最大的莫過於無所不在的貧窮。外貌和我一樣的孩童伸手乞討，永遠烙印在我的童年記憶。數千年以來，貧窮像詛咒一樣在印度家庭代代相傳。印度歷史上，賤民無法存錢、投資，以及跟正規放款業者借錢，因而加劇他們的貧窮。若是窮人付不出醫藥費或者沒錢給家人買食物，又沒有可靠的借錢來源，典當仲介者和地方惡霸便趁虛而入，他們要債或收取利息時無法無天。

這些年來，印度政府曾經試圖解決問題。在印度仍為英屬殖民地的時代，便曾為窮人設立合作信用社。等到印度獨立建國後，印度銀行業在政府控制下，將此類計畫擴大到更多農村人口。

一九八〇年代，在非營利機構與政府援助下，印度農村婦女組成合作社，稱為互助團體，以取得信貸，幫她們維持家計。這些團體大多由村子裡十到二十名婦女組成，她們定期見面，幫忙彼此償還貸款，降低放款者的風險。在以窮人為優先的政策下，印度政府開始支持這些婦女團體，把她們介紹給本國銀行與國際開發銀行。可是，大多數農村窮人仍無法在這個系統下取得正規貸款。

BASIX這類微型信貸機構，受到孟加拉鄉村銀行啟發而在印度四處出現，最初屬於非營利組織。互助團體是它們的當然目標與合作對象。研究人員證明，開發中世界的婦女希望自己創業，自給自足。她們往往把賺到的錢投入家庭與事業，讓家人脫離貧窮輪迴。互助團體明白申請貸款需要承擔責任。婦女們在緊要關頭幫忙彼此支付貸款，善盡義務。

印度微型貸款產業急速成長，尤其是在安得拉邦，直到二〇一〇年危機爆發前，始終蓬勃發展。至於營利企業，印度主要微型信貸公司引進外國創投投資者，包括美國。二〇〇八年四月至二〇一〇年七月之間，這個產業吸引至少五億美元資金。這些信貸業者之所以吸引投資人，是因為它們承諾驚人的投資回報，而它們確實做到了。高貸款償還率，以及貧窮借款人的違約率不到三%，顯示這個產業很穩定。借款人不斷增加則顯示產業成長。

在二〇〇八年到二〇〇九年，印度十大微型信貸公司，平均的股東權益報酬率超過三五%。一些公司打算公開上市，在股市掛牌交易，取得更廣大的資金來源。屆時，它們的價值越高，初期投資者能兌現的就越多。為提高初次公開上市的價值，數家公司試圖在不增加成本之下增加貸款數量。最簡單的方法是在這些公司已有許多借款人的地區提高放款總額，因此授信人員必須讓更多人申請貸款，換句話說，就是在安得拉邦找更多窮人申請貸款。

在這股狂熱之下，許多微型信貸授信人員，本身是來自農村社區的年輕男性，收到公司指令不斷要求他們盡量在安得拉邦放款，有的公司祭出只要在特定一週爭取到更多貸款，就會得到加薪一倍或贈送機車與電視機的獎勵。這些公司尤其鎖定婦女互助團體。授信人員有動機達成短期目標，就像我朋友戴著Fitbit運動手錶想要達成步數目標一樣。

二〇〇九年，安得拉邦占印度人口的七%，卻占微型信貸總額的三〇%。等到二〇一〇年，當約達六百萬人借取九百萬筆貸款時，這表示許多人身上背著好幾筆債務。

當時印度成長最快速、最積極的微型信貸公司是SKS微型金融有限公司（SKS Microfinance Limited）。該公司創辦人維克拉姆．阿克拉（Vikram Akula）少年得志，是個媒體寵兒。年方三十七，便已登上美國《時代》雜誌最具影響力百人榜，美國與印度主流新聞機構大肆報導，他和馬哈揚一樣，被視為全球微型金融業的佼佼者。

危機爆發前夕，阿克拉的公司正要公開上市。他由創投公司籌募一億五千萬美元以上的資金，包括美國紅杉資本（Sequoia Capital）與砂岩資本（Sandstone Capital），這些投資者先前看到極高回報，如今預料將大賺一筆。

二〇〇八年四月到二〇一〇年三月之間，SKS新增四百多萬名借款人，等於每名授信人員簽了四百八十八筆貸款。難以想像授信人員怎麼可能認識這些客戶，並且確定他們符合貸款資格及有能力償還。二〇一〇年七月，危機爆發前幾個月，SKS公開上市，估值達到十五億美元，相當於該年度獲利的四十倍。

阿克拉在印度及微型金融業是個爭議性人物。他曾經對印度窮人放款產業有過如下表示：「這種事唯一的動力是貪婪。」他的批評者私底下將他比喻為奧利佛．史東執導的一九八七年電影《華爾街》（*Wall Street*）主角葛登．蓋柯（麥克．道格拉斯飾演），他宣稱：「貪婪是好的，找不到更好的詞了。」

為了本書，我試著訪問阿克拉，但在經過幾番電郵往返之後，他似乎不願對話。朋友告訴我，在危機後他飽受批評，已不想再跟媒體打交道，這也是可以理解的。

孟加拉鄉村銀行創辦人兼現代微型金融運動之父尤努斯，公開批評阿克拉利用借錢給窮人來發大財。一九九〇年代及二〇〇〇年代初期，全世界的微型信貸業者都變成了營利公司，尤努斯擔心他們將偏離核心使命。二〇〇九年接受《富比士印度》訪問時，他警告說微型信貸業者是「偽裝的高利貸」。危機前，他與阿克拉在二〇一〇年一場會談公開辯論。可是，營利模式吸引有錢有勢的矽谷投資者，他們把微型金融視為良心事業，符合他們想要拯救世界的信念，即便並不符合為何窮人要去貸款的現實。

微型金融的目光焦點鎖定在印度那段時間的瘋狂成長。領導美國國際開發署小額貸款計畫及安信永國際（Accion International）逾四分之一個世紀的專家伊莉莎白．萊恩（Elisabeth Rhyne）回憶說，二〇〇〇年代後期，在所有的國際開發會議，微型信貸業界人士總會提到印度的驚人數字，以及眾多窮人得到了幫助。萊恩表示，小額放款公司忽略了潛在風險，設定放款政策的印度金融當局和全球微型金融業也是這樣。

然而，在印度微型信貸公司尋求上市之際，全球業界悄悄地出現一股議論。印度貸款數量的驚人成長是出於窮人的需求龐大，抑或另有隱情？

達成近期目標可能變成我們的一種偏執。我們時常按照我們可以輕易測量的指標來設定這類目標。我們認為數字是客觀的，數字不會說謊。因此，我們使用數字來判斷我們是成功或是失敗。

我們往往依賴短期資料點，因為它們符合我們眼前看到的東西。換句話說，它們增強了可得性偏差，亦即我們重視眼前可以得到或當下感知到的東西。然而，有時候，近距離的衡量可能完全欺騙了我們。二〇一四年冬天，我住在華盛頓特區時，氣象學家所謂的極地渦漩（polar vortex）由北極帶來冰冷寒風，創紀錄的低溫讓我直發抖。可是，早晨的溫度計卻遮掩了大趨勢，總體來說，那是地球最溫暖的一年。隔年汽油價格暫時下降，美國人於是瘋買休旅車，等到汽油價格回升時又大罵休旅車太耗油。

基於相似理由，人們在信箱收到二千美元支票時，可能覺得美國政府於二〇一七年十二月通過的稅法改革很不錯，即便這套稅法讓中產階級更難以購屋、償債及讀大學，長此以往將使他們損失更多財富。政客們總能得逞，民眾並沒有生氣。我們今年收到的支票，以及銀行帳戶餘額增加，是個障眼法，比我們最終將在稅法改革中承受的損失更加醒目。我們很難從一個資料點或者我們立刻得到的款項看出大趨勢。換言之，只看眼前將遮蔽我們對未來威脅的看法。

我們選擇的數據目標不僅塑造我們的觀點，亦塑造我們的行動。俗話說：「可測量的便可以做到。」現在應該改為：「我們只做可以測量的事。」我稱這個問題為「緊盯儀表板」，因為我們只看著速度或油料指針，沒看到我們正開向懸崖。我們並非只是出於天性才珍惜當下忽視未來，我們選擇的工具、用以測量表面進步的工具，也是原因之一。往好處想，我們其實是有所選擇的。

針對紐約市計程車司機的研究顯示，指標影響我們每日的決定。計程車司機通常會設定每月或每年收入目標。數項研究計畫證實，在任何一天，大多數司機會以每日為基準來做選擇，即便這跟他們長期目標不符合。舉例來說，一群經濟學者發現，下雨天的時候，計程車司機只要達成非正式的每日收入目標就會提早下班，即便這種日子他們只要工作久一點就可以賺多一點，因為更多人想搭計程車。天氣好的時候適合放假，司機反而會多開一點時間，四處繞路找客人，浪費時間和油錢。雖然沒有明確的每日目標，司機卻被牽著鼻子走，而不是明確的未來目標。當下的成就感，讓司機忽視提早下班的未來後果。而每日收入是眼前就可以測量的。

被眼前短暫的事物所操縱，似乎很愚蠢。但是人們咬住近程目標不放的理由之一是，我們想要避免立即的損失。大多數人討厭損失，遠超過我們渴求獲勝。

不論多麼微小，損失總會令人產生失去控制的不安感。今天沒賺到的錢或沒達成的目標，不是只有那點損失而已；它讓我們面對到一個違背我們預期的現實。失敗引起情感苦痛，讓我們覺得沒有自以為的優秀或者是犯下錯誤。我們不希望錯失目標，因為它就像我們攀登陡峭山峰卻沒抓穩繩索一樣，提醒自己極為脆弱。

丹尼爾．康納曼認為，人類迴避風險源自於演化的初期階段。他在《快思慢想》（*Thinking Fast and Slow*）一書指出，為了逃避掠奪者，狩獵採集者必須緊急對威脅做出回應，成功的人倖存並繁衍，將這種特質遺傳下去。因此，現代人類繼承了更想避免損失的衝動，比追求成功更為急迫。在和他的長期合作者阿莫斯．特維斯基（Amos Tversky）進行的實驗中，康納曼證明，立即損失的情感層面對人類決策所造成的影響，超過人們對長期輸贏的看法。意思是說，在與未來機會或危險兩相比較時，人們天生會極為重視短期的損失。計程車司機不想錯失每日目標，或許正是為了避免這種損失感。

二〇〇九年，安得拉邦取締微型信貸的一年多以前，《華爾街日報》頭版一則報導，引述印度、歐洲和美國小額貸款業界人士的說法，警告該地區正在醞釀一場信貸危機。

印度管理學院一名專家表示，放款公司「地毯式轟炸」某些社區和地區。一名管理一億美元投資基金的經理人擔憂泡沫正不斷膨脹。新聞記者柯塔基・葛哈勒（Ketaki Gokhale）在系列報導中，描述印度婦女申請數筆小額貸款，還債還得很辛苦。一名婦女向九家不同公司貸款，因為還不出錢而備感羞辱。其他婦女的個案是，儘管她們每個月只賺九美元，仍然被勸誘申請貸款。

葛哈勒發現，有些婦女並不是用貸款去創業，而是花在買牛奶、繳帳單和親人的結婚費用。在這些案例，這些貸款並沒有幫忙婦女提高收入，而是在她們手頭拮据時救急之用。由於利息高，這些貸款反而讓婦女們更加貧困。

向來支持並認同微型信貸業宗旨的顧問丹尼爾・羅薩斯（Daniel Rozas），曾警告若印度微型信貸業不改變作風，將發生信貸泡沫。

羅薩斯並不是千里眼，也不是有內線消息或什麼深奧的資料。他只是看到高貸款償還率以外的東西，小額放款業者都是把這個指標當成安得拉邦情況很好的跡象。

羅薩斯是派駐在布魯塞爾的美國專家，我在二〇一六年用電話採訪過他。他告訴我，依據人口與其他因素判斷，安得拉邦的潛在借貸人數在二〇〇九年便已超過負荷。當時他做了一些粗略的計算，結論指出人們能否償還貸款仍不得而知。意思是說，他們借取更多貸款是因為授信人員熱切的推銷，而不是為了創業以增加收入。等到人們再也無法借錢來償付高利貸款，紙牌屋便會倒塌。一般家庭將被無法償還的債務淹沒。公司將倒閉。

羅薩斯先前任職於美國房貸機構房利美（Fannie Mae），親眼目睹二〇〇七年美國房貸市場崩潰，連鎖反應引發大蕭條以來最嚴重的全球金融危機。在華爾街資金挹注下，房貸業者發放的貸款激增，房市泡沫不斷膨脹。一些惡質業者推出的產品要求借款人定期再融資，長期下來的債務餘額不斷升高。雷曼兄弟（Lehman Brothers）及貝爾斯登（Bear Stearns）將高風險貸款包裹成證券，出售給往往不知情的投資者。信評機構並未將此類投資商品列為高風險。等到房市過度飽和，屋主既無法將房屋脫手也繳不出貸款時，金融體系爆發骨牌效應。房利美雖然沒有什麼次級房貸，但是為了避免被排擠在這個熱門市場之外，還是承接了許多風險貸款。泡沫破滅後，該公司與房地美（Freddie Mac）亦遭受波及，美國政府用納稅人血汗錢加以拯救。

「坦白說，當地的情況令我擔憂。」羅薩斯於二〇〇九年撰寫的一篇有關安得拉邦的評論文章中指出。他確信，當地小額放款瘋狂成長是因為借款人借了太多貸款。「我認為這是人們使用公開資料所能找到最強力的泡沫證據。」

羅薩斯警告，讓原已借取貸款的印度南部窮人不斷增加小額放款債務，「不但是將短期利得置於這個產業的長期穩健之上，更重要的是，置於窮人客戶的長期利益之上」。

然而，面對信貸危機的警告，阿克拉積極加以反駁。

二〇〇九年，他在《哈佛商業評論》（*Harvard Business Review*）及《華爾街日報》輿論版投書，駁斥那些宣稱印度微型信貸泡沫將破滅的人。他指出該產業仍然穩健的一些重要跡象。最重要的是貸款償還率很高，他的公司達到九九％，整個印度小額放款業則接近九八％。這些指標是急速成長將可持續下去的鐵證。

在回應眾多借款人背負數筆貸款的批評時，阿克拉再度引用償債率。他援引一篇研究指出，一些積極進取的創業家向數家小額放款公司借錢以拓展事業，償債率又高。這有什麼不好的？

然而，羅薩斯深入研究那份報告與償債率指標發現，那不適用於二〇〇九年展開的情況，而是印度小額放款急速成長前的階段。申請多筆貸款的人也不再是一小撮創業家，而是廣大的借款人普遍如此，許多人不是借錢創業，而是應付家庭緊急醫療費用及購買糧食。

印度小額放款崩潰的情況有如瘋狗浪般來襲。其實，壓力已經堆積了數個月。人們借取多筆他們還不起的貸款。安得拉邦的村民被鄰居和授信人員騷擾，羞愧之餘自盡。邦政府抓著自殺報導不放，禁止民間放款業，准許借款人不必償債。微型信貸產業因而崩潰，許多公司整個倒閉，沒倒閉的公司也負債累累。

同情阿克拉的人說，他被巨大成功給沖昏了頭，提供資金給他的投資人亦施加壓力，後者只想在公司上市時獲取高報酬就退場，根本不關心這個放款給窮人的產業之長期生存或未來。

我相信阿克拉很難在泡沫高峰時期承認該產業成長過速，即便他自己也在懷疑。很少有公司董事會希望在上市前聽到自己的產業正在放慢成長，或者市占率不該再擴大了。相反地，這種言論會導致公司執行長被開除。或者，像花旗集團前執行長查克．普林斯（Chuck Prince）曾向《金融時報》說過一句有名的話：「只要音樂繼續播放，你就得起來跳舞。」

我和數名人士談過，他們覺得阿克拉在危機爆發前的態度太過大膽，包括並不認為他必須符合投資人過高預期的專家。我問他們為何不公開表達他們的質疑，他們每個人都說他們無法公開批評阿克拉，因為數據實在太好了。

這項指標隱藏了即將發生的危險。

古希臘歷史學家希羅多德（Herodotus）寫過明智政治家梭倫（Solon）的事蹟，後者於西元前五九四年當選雅典執政官，實施多項改革，包括廢除負債為奴制度，以及平民享有選舉權。通過改革後，梭倫離開雅典，旅行到薩第斯（Sardis），亦即今日的土耳其，去晉見克羅西斯國王（King Croesus）。

希羅多德寫說，這個虛榮的國王立即邀請貴客梭倫參觀王宮，以炫耀自己的財富。接著，克羅西斯請梭倫說出誰是世上最快樂的人。你可以說這是在誘導證人。

梭倫故意不說是克羅西斯，而激怒了這名國王。梭倫說，最快樂的人是一個名叫特勒斯的雅典人，他在戰鬥中英勇戰死。他的子孫都存活了下來，他在死後因光榮事蹟而受到推崇。梭倫勸告克羅西斯，一個人一生中某一段時間的財富並不足以衡量他的一生是否圓滿。梭倫說，一般人活二萬六千二百五十天，任何一天都有可能遭遇不幸。（克羅西斯國王斯確實遭逢了不幸，他失去自己的兒子和他的王國。）

兩個多世紀之後，亞里斯多德在他的德行論之中回應梭倫的智慧，指出人的一生不應該用片段來評估，而應該用整體、以長遠眼光來看。如果我們用眼前成就來評量自己，便會對需要長期才會有成果的努力失去耐性，無論是學習新語言或養育子女。我們也無法綜覽全景，看不清我們的決定所造成的長期影響。

人們似乎永遠都缺乏這種遠見。湯瑪斯．曼（Thomas Mann）於一九二〇年代寫出其經典小說《魔山》（*Magic Mountain*），似乎是在省思頻繁評估的無用之處。在故事裡，瑞士阿爾卑斯山貝格霍夫療養院與世隔絕的病人，被醫護人員囑咐一天四次、每次間隔七分鐘量體溫。量體溫成為過日子的節奏，病人會拿到自己表現的報告單。這些病人完全沒有察覺一次大戰前流逝的歲月。量體溫似乎增強他們生病的感受，體弱多病的人攜帶體溫計，宛如榮譽勛章一般，健康的人反而得不到。當主角漢斯．卡斯托普（Hans Castorp）想要離開療養院時，他詢問醫師，以他的體溫表來看，他是否可以離開了。醫師憤怒地表示，從一開始體溫數字就沒有任何意義，絲毫看不出病人情況的虛構故事。而在同時，量體溫成為一種不實的保證，讓病人相信他們逃離即將爆發戰爭衝突的社會、藏身在山上的時間是有價值的。

沒有人會刻意說我要選擇一個短視的目標。事實上，我們往往不去評估眼前的目標，因為我們認為這樣可以幫助自己考量現在的決定可能造成的未來後果。我們評估現在知道的東西，是因為我們想了解目前的情況，什麼都不了解可能形成巨大焦慮感。人們、組織和社會往往採用一個他們自認代表著深遠結果的指標。我們就是這樣才會緊盯著指標而造成問題。

我們抵抗短視近利的一個方法是，當近期指標讓我們偏離遠景時，我們要摒除近期指標的雜音。

一名芝加哥的對沖基金投資者安妮．狄亞斯（Anne Dias），跟我說過她是如何辦到的。她知道那些一整天都在看自己資產組合損益的投資人，賺到的利潤都不如那些不常看的人。投資人可能在市場短暫下跌時，為了迴避虧損而致恐慌，做出拋售投資的倉促決定，但是那些股票長期是會增值的。加州大學經濟學家布瑞德．巴伯（Brad Barber）與特倫斯．歐汀（Terrance Odean）研究此一現象並發現，因為他們迴避眼前虧損的衝動之下，數千名投資人持有表現落後大盤的股票，卻賣出超越大盤的股票。（億萬投資者巴菲特也曾說過，他在睡覺時賺到的錢比他積極投資時還要多。）

狄亞斯決定不要太常看她的資產組合，便囑咐她的員工，只有在漲跌超過一定門檻時才向她報告。她等於是打造了一個泡泡，保護自己不要為了躲避損失而衝動。她用現在做出的決定，讓未來取決於她的耐心。

我們每個人都可以在生活中養成摒除雜音的習慣，尤其是在進行重要決策的時候。舉例來說，買房子的時候，我們不要只是看近期的費用，也要看住在房子數十年的可能成本。在買能源效率低的車子時，我們不能單憑今年油價來考慮開銷，而是要看多年的平均油價。手邊有長期計畫要處理時，我們不要頻頻檢查電郵信箱及社群媒體，延長我們查看未讀訊息的間距，使用我們為邁向長期目標所做的努力來評估自己，而不是我們超前或落後今天的社交通訊進度。

我們可以和狄亞斯一樣，在發揮前瞻思考的時候決定未來我們想要採取或迴避的行動。如此一來，我們便能夠避免在沒有達成目標或者看似不能達標時過度反應，讓我們不受單一指標的影響。方法之一是跟自己做出約定，沒做到的話有一定的後果。當我們想要知道自己每天或每週的進展時，我們不妨設定許多進步的指標，而不是只用單一指標。舉例來說，不只是每天的步數，我們也可以計算每個月減掉的體重，我們每週攝取或燃燒的卡路里，我們對身體強健的感受，以及我們多少速度步行多少時間。我們也可以在獲悉一項指標時先按兵不動，提醒自己可以不對指標做出回應。

在印度微型信貸熱潮時期，貸款償還率這個普遍使用的指標就像是在說謊一樣。它沒有測量出這個產業的穩健程度，或是它在安得拉邦的前景。它沒有測量出窮人生活的改善程度。況且，高償還率為馬哈揚營造出一種幻覺。讓他看不清自己公司、這個產業、申請貸款的貧窮家庭及他的名聲所遭受的威脅。

不過，馬哈揚並不是對於醞釀中的問題渾然不覺。在危機前，他已意識到這個產業需要管控放款做法。在安得拉邦進行取締的不到一年前，他和同業成立一個由四十四家微型信貸業者組成的團體，微型金融機構網絡（Microfinance Institutions Network）。馬哈揚擔任總裁，該組織設定業界規範，包括不得發放超過三筆微型信貸給同一名借款人的規定。

但是，不是所有業者都實施這些自律規範，規定並不是強制執行。儘管他是幕後領導人，馬哈揚在二〇一〇年初公開表示，他並不認為安得拉邦出現信用泡沫。

馬哈揚與其他微型金融業領導人在信用危機前所使用的指標，讓他們產生成長永不會停歇、沒有上限也沒有下檔風險的錯覺。雖然他們有意要確保他們的投資與事業穩健，他們卻被指標給矇騙，終究害了他們自己。

刻意拉抬貸款數量，就像健身競賽的步數一樣，給業界領導人與投資者造成了盲點。直到馬哈揚展開印度全境朝聖時，他才明白這些指標竟是如此誤導人們。

在旅程終點抵達安得拉邦時，馬哈揚詢問以前的貸款人說，如今邦政府禁止民間微型金融業者，他們要怎麼辦。他訪談的對象包括一個買賣自動人力車中古零件的男人，他已不用再償還貸款了。他訪談婦女自助會，了解她們在危機前的情況。

這種自助會有一種盡責制度：由於自助會的信用要靠每個婦女償還貸款來維持，婦女們會監督彼此不得拖欠。如果有個婦女手頭拮据，其他人會暫時代墊。這種做法提供了彈性，但是馬哈揚發現，它同時掩飾了每個人的償債能力。他聽說自助會辱罵無法準時還款婦女的故事，甚至不准她們的小孩去上托兒所。他看到許多婦女貸款不是為了創業，而是支付醫療費用，或是在收成不好的年頭給小孩買食物吃。由於沒有收入，當舊債主來催款時，她們便跟其他機構借新債。即使償債率升高，這種模式也難以持久，無論她們借到多少新債來還舊債。

馬哈揚發現，自己其實是見樹不見林，跟那位不幸的克羅西斯國王很相似。在朝聖時，他看清了事實。

馬哈揚數個月旅行的終點站來到安得拉邦波恰帕利村（Pochampally），也就是巴韋六十年前推動土地贈與運動的發源地。這個村莊以紡織絲綢紗麗而聞名，其線紗先經過綁染，之後在織布中展現出複雜的圖案。馬哈揚認為土地贈與運動是史上最偉大的和平土地改革，窮人獲得他們家庭佃耕的數百萬英畝土地，這是正當的繼承。

在聽到村民訴說及研究人員提出自殺案件的報告後，馬哈揚請大家安靜一下。然後他向聚集的民眾說，微型金融公司應該賠償那些因為被討債而自殺的人的家屬。他重新立誓要為窮人服務，並倡議改革他的公司和這個產業，以防止未來的錯誤，包括深入調查每個家庭的償債能力。

我們不可能期待或預測一生中所發生的每件事。大家都希望避免災禍，然而還是會倒楣地遇到一些。我們可以避免的是直接衝向懸崖。當我們在反省人生意義與工作進展時，我們不妨記取梭倫的建議及馬哈揚興衰的教訓。我們往往會想要判斷自己在某個時刻做得好或不好，因為我們有很多方法可以評量現在的狀況。每個月或每兩個月檢討反省，是其中一個方法。我們可以時常思考我們是否錯過了什麼，即使我們已達成近期目標。我認識的一些人每個月會寫下一張重要但不緊急的事項清單，貼在家裡或辦公室醒目的地方。其他人則決定不過度強調達成或錯過一個目標。這是他們避免忽視重要事項的一種方法。

如果我們每隔一段時間便問自己最終將留下什麼，而不是在人生結束時才問，我們或許可以跟未來產生更深的連結。我們走到旅程盡頭時，會希望自己有什麼成就？我們希望人們記得我們什麼，我們對那個目標做出什麼努力，或者是我們在人生遊戲裡累積了更多點數？

第三章

超越此時此地

——探究立即滿足的文化

你要知道什麼時候該走開，什麼時候該繼續。

——唐・許利茲（Don Schlitz），〈賭徒〉（*The Gambler*）

肯尼・羅傑斯（Kenny Rogers）演唱

大眾文化充斥著一種迷思，就是認為未雨綢繆是少部分擁有天賦的人才能做到的事。在這種觀點之下，人們是否會做出莽撞的決定，都是取決於與生俱來的能力，因此文化、社會、經濟、社群，都不需要承擔責任了。

如果你認同這種看法，就很容易覺得絕望。如果一切都是仰賴無法改變的天賦，那我怎麼可能好好地替未來規劃呢？

這種誤解可以追溯到一場經典的實驗，測試兒童延遲享樂的能力——惡名昭彰的「棉花糖實驗」，於一九六〇年代首度由心理學家沃爾特・米歇爾（Walter Mischel）進行。

在這場著名的實驗中，米歇爾在史丹佛大學的賓幼兒園（Bing Nursery School）找了超過六百個孩子，讓他們選擇要立刻吃下一份自己最喜歡的點心（可能是棉花糖、餅乾、薄荷糖或是PRETZEL餅乾棒），還是要等待最長二十分鐘的時間，等大人回來之後就可以吃兩份點心。

數十年後，米歇爾發現那些在幼年時期擁有延遲享樂能力的孩子們，ＳＡＴ測驗的成績比較高，也比較容易取得更高的學位。與那些無法等待的孩子相比，他們比較不容易出現肥胖或藥物成癮問題。

當他把這份研究結果公布之後，備受矚目的評論家開始提倡孩童時期的自制力可以用來預測未來人生是否成功。在《芝麻街》（*Sesame Street*）當中，藉由等待這個行為來「傳達」棉花糖測試的概念成為一個主題；一位勵志演說家在二〇〇九年發表了一場大受歡迎的ＴＥＤ演講，標題是「不要吃棉花糖！」，學生們也穿著上面印著同樣標語的Ｔ恤。這份研究讓主流媒體寫出許多文章，有很多人都懷疑等待的習慣和未來成就的關聯，認為只有少數具有天賦的人才會天生就擁有意志力。然而能夠很快區分出通過測試的孩子和無法通過測試的孩子，這對父母來說很有吸引力，因為父母渴望得到立即的答案，想知道自己的孩子未來人生成就將會如何。

然而，根據最初的棉花糖測試所做出的後續研究卻告訴我們，人們是否能掌控衝動，環境和文化所給予的影響是更加重大的。舉例來說，由羅徹斯特大學（University of Rochester）的科學家們所進行的一項研究計畫顯示，延遲享樂並不是一種與生俱來的能力，而是某些孩子為了適應環境所做出的選擇。

二〇一二年，認知科學家瑟雷斯特・基德（Celeste Kidd）、荷莉・帕梅里（Holly Palmeri）、理查・阿斯林（Richard Aslin）改編了米歇爾的棉花糖實驗。他們讓一組兒童處於值得信任的環境當中，另一組則是處於不可信任的環境。在實驗開始前，他們向處於「不可信任」組的兒童承諾會給予他們閃亮的貼紙和全新的蠟筆，用來畫一件美術作品，但是卻沒有真的給他們。另一組則是依照約定，拿到了美術用品。

研究結果顯示，處於可以信任的環境當中的孩子，為了第二份點心，可以等待更長的時間。那些立即吃掉點心的孩子都是因為覺得第二份點心的承諾不值得信任，或是無法確定。這樣的結果表示，也許並不是某些孩子的自制力比其他孩子更好，而是有些孩子會根據現在的環境以及對大人的信任程度，選擇不同的策略。是環境造成了差異，而不僅僅是孩子的天性，或者是孩子接收到多少關於未來獎勵的資訊。也許在米歇爾的棉花糖實驗中，那些表現好的孩子們是因為一直處於良好的成長環境，而不是他們的能力始終如一。

人們在日常生活中做決定時，常常出現這樣的情況。有一個人現在手頭沒有足夠的錢，買不起那種能穿好幾年的鞋子，所以他可能會因為現在的狀況，而去選擇購買比較便宜、只能穿三個月的鞋子——即使長期看下來他花了更多的錢，還不如購買比較貴的鞋。或者他覺得時間緊迫所以沒想那麼多，然後碰巧經過一家便宜鞋店。就算告訴他購買貴的鞋能讓他省下多少金錢或資源，也不太可能改變他的決定，但是只要改變環境，或改變他對環境的看法，就有可能改變他的決定。

文化的影響程度可能和環境差不多。德國心理學家貝蒂娜．拉姆（Bettina Lamm）針對將近兩百名兒童進行了她自己的棉花糖實驗，發現與德國的兒童相比，喀麥隆自耕農家的四歲兒童通過棉花糖測試的比率高出很多。在等待第二份點心時，喀麥隆的孩子比較不會抱怨，而且看起來幾乎像是在冥想。兩組兒童都是從三個月大時就開始進行追蹤，而這份二〇一七年的研究也是第一次有人在非西方文化國家進行棉花糖實驗。

拉姆並不清楚為什麼七〇％的喀麥隆兒童都能夠等到第二份喀麥隆甜甜圈，也就是puff-puff，但是德國中產階級家庭的兒童當中卻只有三〇％可以等到第二份點心。先前的研究也顯示出類似的結果，美國的兒童只有不到三分之一能夠等到第二份點心。但是拉姆和同事有觀察到，喀麥隆Nso族的父母養育孩子時，明顯有著不一樣的習慣和期望。喀麥隆的母親期望孩子尊重媽媽，而且與德國的母親相比，她們不會常常檢查孩子是否有需求。喀麥隆的母親會在新生兒開始哭泣之前就立即哺餵母乳，拉姆認為這是為了讓嬰兒不用表現出負面情緒。喀麥隆的孩子從小生長在泥磚蓋的房子，沒有電力，只有簡單的飲食，大多由玉米和豆類組成，父母期望他們在家族農場裡工作，並幫忙照顧弟弟妹妹。

這個研究結果提升了「文化價值觀和習俗可能會大幅改變人們處理衝動的方式」的可能

性。雖然喀麥隆的孩子們平均都比德國或美國的孩子貧窮，但是他們的文化可能讓他們有動力期待未來的成果。

不過，科羅拉多大學波德分校（University of Colorado Boulder）的研究人員於二〇一八年發表的另一項棉花糖實驗卻顯示，同儕之間的規範會強烈地影響孩童是否等待第二份點心。告訴一個孩子說他屬於一個團體之中，那個團體裡的孩子都穿著同樣顏色的T恤，然後再給他看其他孩子等待的照片，這樣似乎會影響到那個孩子是否要吃掉第一個棉花糖。

相反地，試圖將人們的生理特徵（如性別或種族）與是否有耐心進行連結的實驗，都沒有得到正面的結果。有更加強烈的證據顯示，群體的文化規範會影響人們對未來的看法，並造成不同地區、不同職業、不同政黨的人預測未來時的差別。

從這些研究當中衍生出一種強而有力的概念——因為環境和文化規範的不同，人們可能會改變應對未來時的行動。這種看法意義重大，因為它讓我們有所選擇，可以創造出正確的環境，讓我們或他人都能替未來做規劃，而不是僅僅仰賴人類的意志力。

長年以來，這種想法都被那些喜歡將棉花糖測試當作一種可預測孩子未來人生是否成功的趨勢指標的人忽視了。米歇爾，也就是第一個提出棉花糖測試的人，在他人生最後幾年的時間都在積極地破除延遲享樂的能力是天生具有的這種迷思。

棉花糖測驗的迷思被打破後，也指向一個更加重要的結論——我們並不是命中注定要做出衝動的決定，只是我們必須學習那些能讓我們規劃未來的文化習俗和規範。

當人們為了未來而存錢時，通常都會面臨這種兩難的困境——長期看下來，儲蓄對他們的財務是有好處的，但是這卻需要犧牲他們當下想要或需要做的事情，以存下這筆錢。

帝莫西・弗拉奇（Timothy Flacke）花費將近二十年的時間來幫助美國的貧窮及中產階級家庭免於經濟困難，他是波士頓非營利組織Commonwealth的執行長。我詢問他是否知道如何解決這樣的難題。他說：「人們知道儲蓄是聰明的、精打細算的、對自己有好處的，但就是很難做到。」

那些家庭的抱負和行動的不一致是很令人痛苦的。如果一個家庭沒有在儲蓄，若是突然出現一筆在每天或每週預算之外的必要支出，他們就會面臨危機。二〇一五年美國聯邦準備系統針對數千名美國人進行關於儲蓄習慣的調查，發現其中有四六%的人若有緊急開支，即使是四百美元他們也拿不出來。

處於絕境當中的人通常會注重立即的需求，而且是有充分理由的。兩位行為學家森迪爾・穆蘭納珊（Sendhil Mullainathan）和艾爾達・夏菲爾（Eldar Shafir）仔細研究了全球貧窮人口做決定的方式，認為時間、注意力或者金錢匱乏，會讓人們注重當下，並且通常會導致他們用未來的自己做抵押。對於某些目光短淺的經濟學家來說，很容易認為這種行為是不理性的。然而，對於貧窮的人來說，重視當下的必要性遠遠超過任何理性決策。在他們充滿深刻見解的《匱乏經濟學》（*Scarcity*）一書中，穆蘭納珊和夏菲爾解釋了為什麼即使發薪日貸款的利率很高，而且通常會害窮人更加貧窮，但他們還是會去尋求它的幫助。他們寫道：

> 這就好像在你緊急趕往醫院時，任何有意義的目標都變得不重要了。在有緊急需求的當下，發薪日貸款對長期財務狀況的影響一點也不重要。這就是為什麼發薪日貸款這麼吸引人——當人們必須滅火時，就會依賴它。它最棒的一點是，它確實可以滅火，又快又有效。只是它最糟的地方就是，未來這場大火會再次燒起來，可能還會燒得更大——而這並不明顯。

穆蘭納珊和夏菲爾在一項研究當中，讓印度的蔗農在收成前、缺乏現金時做一次認知測驗，然後又在他們收成後、擁有足夠資源時做第二次測驗。他們發現同一個農夫如果有足夠的錢，控制衝動的能力就會變得更強大。貧窮時看起來衝動莽撞的人，在富有時也可能變得聰明並具有策略性。明白了缺乏資源的人通常只有狹隘的視野、只能看見當下，這讓我了解為什麼許多印度微型信貸危機中的女人都無法替未來的自己著想，借越來越多貸款、在欠債中越陷越深。這也解釋了為什麼越貧窮的家庭越難提前防範颶風。

賓杜・阿南塔（Bindu Ananth）是印度清奈（Chennai）達婆羅信託（Dvara Trust）公司的董事會主席，為印度的貧窮人民提供金融服務，從投資教育及保險到儲蓄帳戶和貸款。達婆羅的研究顯示出窮人會非常確實地償還銀行和微型信貸公司的貸款，多數人甚至希望有一份貸款償還日程表。但是阿南塔認為，企業、政府及援助組織太常依賴貸款作為解決窮人經濟問題的萬靈丹。

「如果你有健康問題，借一大筆貸款可以解決近期困難，但是當你要償還時就沒有辦法了。」她告訴我，「許多時候，窮人別無選擇，只好使用貸款來代替儲蓄或保險。」

問題是：你如何幫助貧窮的人儲蓄？

弗拉奇和同事注意到，在窮人的儲蓄和借貸方面，有一件事情似乎不合常理，至少在美國是這樣：有許多人都喜歡買樂透。一項針對美國人的調查顯示，有三八％的低收入人口，以及總人口的二一％，都認為如果要累積一大筆財富，中樂透是最實際的方法。他們幻想自己不太可能會中獎的樂透可以解決他們的財務危機。同時，美國最低收入的家庭當中只有不到三分之一有定期在儲蓄，這些家庭花費在樂透上的支出也不成比例的多。

弗拉奇發現，樂透有一種魅力，是儲蓄帳戶——至少那種讓你的現金保存在裡面、隨時可以取出的儲蓄帳戶——不具有的。他們代表的是現在、立刻獲得一大筆錢，而不是等待很久以後的回報。頭獎有一種立即的誘惑，讓人產生一種有可能獲得它的錯覺。刮刮樂也讓人們體驗到小幅的、遞增的回報——美金一、兩塊錢，讓我們覺得自己很幸運，應該再玩一次。

二〇〇九年，密西根信用合作聯盟（Michigan Credit Union League）和弗拉奇以及非營利組織 Commonwealth 合作，他們決定嘗試利用樂透來鼓勵人們為了自己的未來儲蓄。只要把錢存進自己的儲蓄帳戶，當月就可以參加抽獎。除了獲得帳戶利息之外，儲蓄者還可以加入抽獎名額，抽獎頻率很高，頭獎高達十萬美元。這個策略非常成功，有超過一萬一千人往新帳戶裡存入了超過八百萬美元。即使是設計出這個模式的人，也覺得非常驚喜——密西根的中產及低收入家庭才剛被經濟危機摧殘，有許多人都失去了工作，但還是很多人為了未來把錢存進去。這種模式證明了它比高利息的儲蓄帳戶更受歡迎。

密西根的這種儲蓄模式是來自經濟學家彼得・圖法諾（Peter Tufano），他是Commonwealth的創辦人，現為牛津大學賽德商學院院長。圖法諾研究了英國彩券債券（Premium Bonds）的成功，它的運作方式就是結合了樂透和儲蓄。英國政府於一九五六年發行彩券債券，為了在第二次世界大戰後鼓勵大家儲蓄。過去七十年裡，隨時都有二二至四〇%的英國人擁有這種債券。儲蓄者希望在每個月抽獎時抽中現金，所以能夠接受這種債券的保證收益比其他政府債券低。圖法諾的研究顯示，在這種模式底下儲蓄的人，通常不是把存在別處的錢改存至此處，而是用原本要拿來賭博的錢來儲蓄。

這種儲蓄計畫和真正的樂透相反的地方就是，人們永遠不會失去初始投資成本。他們通常只會失去這個儲蓄帳戶可能獲得的利息的一部分（或者是債券的市場報酬率），以保留抽中大獎或者小額現金獎項的機會。換句話說，他們是在玩一種不可能會賠錢的樂透。事實上，他們是在未雨綢繆，為了未來的自己。

在二〇〇九年以前，與樂透做連結的儲蓄計畫在美國的許多地方是不合法的，因為受到與樂透及賭博相關的州法律限制。密西根的儲蓄模式成功後，有一些州開始破例讓銀行和信用合作社可以辦樂透，藉此鼓勵儲蓄。二〇一四年，國會通過了聯邦等級的法律批准這種儲蓄計畫。密西根計畫推動後，有超過八萬名美國人在信用合作社透過這種模式存錢，超過二十萬人曾經使用過類似服務的預付卡和儲值卡。由史丹佛大學研究人員於二〇一六年底設計的一個名為Long Game的手機APP，也是採用這種概念。Long Game讓人可以輕鬆開設儲蓄帳戶——最低只要六十美元，然後用手機操作即可存錢。儲蓄者可以參加抽獎，獎金最高有一百萬美元。這個APP推出後六個月就擁有超過一萬兩千名使用者，每個月每位使用者平均存入五十美元。他們的存款受到美國聯邦存款保險公司（Federal Deposit Insurance Corporation）保護。

近幾年來，在美國有十多個州都有銀行或信用合作社提供這種樂透型儲蓄計畫，還有其他十幾個國家也是。二〇〇七年在阿根廷有兩家提供樂透型儲蓄計畫的銀行，存款金額和客戶人數在六個月內就提高了二〇％。

如果要採用這種計畫，會遇到一個困難，那就是商業銀行無法從儲蓄當中獲得多少利潤，所以他們不太會想要投資這種創新概念，除非他們認為有必要和新客戶建立長期關係。圖法諾說，近幾年來，低利率讓他們很難招募銀行，因為必須要有很多儲蓄者，才能負擔得起每個月一百萬美元的獎金，而獎金必須要是這個數字才能吸引人們的想像、鼓勵他們存入更多錢。圖法諾也研究了南非的獎金儲蓄帳戶，這在南非實在太成功了，導致樂透委員會感覺受到威脅，於是政府下令關閉。政府希望獨占樂透事業，用來籌募公共服務的基金，例如公共建設和公共教育，然而這樣的做法導致一個長期存在的問題，就是政府變相剝削窮人來支付公共服務——就像是在對社會最貧乏的階層收取累退稅。獎金儲蓄就是要逆轉這種流動，讓賭博的人們為了自己而儲蓄。

我認為獎金儲蓄計畫的精華之處在於，它將人們對於賭博的立即衝動，與對儲蓄的長期抱負互相結合。背後的想法就是，我們可以鼓勵自己現在就去做一些對未來的自己有好處的事情。我認為這就好像是設立短期目標的相反——它讓我們找到一個鼓勵自己支持長期目標的方法。

我曾經為了不那麼崇高的理由，採用這種策略。數年前，我的一位大學朋友決定要參加一場在休士頓舉辦的馬拉松，我決定要幫助他完成人生首度的全程馬拉松。他是一個異想天開的人，而且喜歡明亮的顏色。在馬拉松途中，我為了給他驚喜，在他經過重要里程數時向他撒亮粉——在某些社運人士之間，這叫做「亮粉炸彈」。（有些亮粉炸彈是基於激進的意圖，被潑撒的人並不樂意，但幸運的是，我朋友非常開心。）在終點線，他告訴我亮粉炸彈給了他當時很需要的鼓勵，讓他撐過整場馬拉松最艱鉅的部分。

這種策略其實跟牙醫診所送小孩氣球或彩色牙刷，讓他們忍受當下的不舒服以預防未來的蛀牙，沒什麼兩樣。只要我們選擇的獎勵不會與長期目標互相矛盾，這種方法就可以幫助我們上一年的夜班、學習一種困難的語言，或回到校園取得學位。

我認為亮粉策略還可以用來幫助人們為天災做準備。我認識的一位洪水預防專家花了很多時間說服居住在洪水區的人們保護自己的房屋免受洪水侵襲，但都失敗了。她說有用的方法是，告訴那些屋主某些特定的策略，讓他們可以減少每年洪水保險的保費。如果知道自己那一年可以獲得什麼好處，人們就會願意花時間和金錢去做雨水槽或地下室防水措施——這是具體且立即的，而不是只是嚇小孩似地叫別人躲避一個未來不知道什麼時候會發生的洪水。

政府和保險公司應該給那些為未來天災做準備的人提供更多的金融回饋，尤其考慮到天災過後政府和私人企業應對時所花費的成本。再怎麼說，至少政府不應該懲罰做出實際行動未雨綢繆的人。在一九九〇年以前，加州人民如果為了預防地震而整修房屋，會發現自己的房地產稅變高了。於是加州的選民很聰明地提出了倡議，以防止人民為了因應更高的地震標準而改善房屋安全後，還得面對稅率提高。

政府甚至可以給為天災做準備的人稅收折扣，作為一個更好的亮粉策略。美國有些州和城市（例如休士頓和紐澤西）在天災發生後針對那些要搬離原本住處的人，政府會提供高價收購。在高風險區域可以事先執行這個策略，當人們容易偏向目前的考量時，可以結合限制決策點的數量。房屋貸款是長期合約，可以視情況配合長期的洪水或天災險，而不是要人們每年都得做出明智的決定，讓人們有機會把錢優先使用在立即需求上。這和對沖基金投資人很像，他們減少每天看資產組合的次數，因此賣出股票的次數也會減少。

亮粉策略甚至可以作為一種控制全球暖化的方法。數十年來，提倡減少因交通和電力而產生的溫室氣體排放的人都遭遇到很大的困難，因為他們無法讓人們感覺到立即的好處。大多數的民眾和企業都不願意為了減少未來地球暖化的這種抽象概念，而去忍受眼前的高油價和電價。近幾年來有一些團體，包含保守派和自由派，都提出美國應該採用這種亮粉策略來減少二氧化碳污染——限制排放量，提高煤炭或石油等化石燃料的價格，並提供人們減稅或每季發放股利。股利的資金來自於徵收石油或煤炭等非環保燃料稅。採取這樣的策略，可以讓更多人在短期內認同環保能源政策，而不會認為是一種犧牲。

當然了，亮粉炸彈並不是在任何場合都有用。有時候我們會被立即的誘惑給淹沒，無法控制自己。

如果要說有什麼地方是人的衝動就像野火在草原上蔓延一般，那就是拉斯維加斯。在這裡，有些人因為其他人的短視近利而大賺一筆。對我來說，現在的拉斯維加斯就像是一九八〇年代迪士尼樂園明日世界（Epcot Center）的反烏托邦版。它是一個社會的未來的模型，假設這個社會順著目前的軌道走——既是我們這個時代的望遠鏡，也是一面鏡子。我去那邊是想體驗一下在我的想像中要規劃未來時所能遇到的最大障礙。而且可能也會很好玩。

在賭場裡我們可以深入了解到，為什麼人們總是為了眼前的慾望而忽略未來。賭場管理者透過深思熟慮的設計，創造出一種環境，會讓許多人（幾乎所有人）為了眼前誘人的美好幻想，而放棄明智地考慮未來。

首先是充滿許多誘惑。在好萊塢星球賭場度假村（Planet Hollywood Resort and Casino），我注意到有位盲人一手拿著雞尾酒，另一手拿著導盲杖。我看起來甚至比他更迷惘，我的注意力四處游移，就像彈珠檯一樣。吵鬧聲讓人覺得很刺耳——洗牌聲、玻璃杯敲擊聲、機台的電子音樂聲、籌碼與籌碼撞擊的喀喀聲。女服務生四處送免費的香檳給賭客。霓虹燈吸引他們進入「歡樂坑」（The Pleasure Pit）賭場。

想嘗試自己的運氣並期待會贏，這種感覺很熟悉，但在賭場裡這會被放大，就好像你拿著十隻手機，每一隻都收到了和你調情的訊息。你處在下一秒就獲得大獎的期望之中，而不是對於明天或下週的抱負。有時候你可能會發現自己不加思索地就將辛苦賺來的血汗錢親手交給和藹可親的二十一點荷官，就像我一樣。

賭場是利用人類容易被眼前的滿足誘惑的傾向。神經科學家證明，當人們獲得某種快感時（無論是巧克力、性高潮，還是螢幕上閃亮的金色星星）大腦就會分泌多巴胺。它是在我們的神經元之間傳遞的化學物質，它訓練我們、讓我們想要它釋放得更多——趕快釋放、越常釋放越好。這就是為什麼在吃角子老虎機連續中獎、收到簡訊時響起的聲音、喝一口含糖飲料，或在社群媒體上獲得一個讚，都會讓我們想要繼續獲得更多。

當我們立即滿足了慾望，就掉進強迫循環（compulsion loop）裡，持續不懈地尋求下一個快感，它讓我們隨時感覺好像剛看到懸疑電視劇吊人胃口之處。立即滿足會讓人上癮，讓我們忽略之後的結果和流逝的時間。這種對當下的執著和佛教對於活在當下的理想完全不同，既不是一九七〇年代拉姆．達斯（Ram Dass）說的「活在當下」，也不是喬．卡巴金（Jon Kabat-Zinn）所說的覺察。渴望立即滿足其實是表示期待一個即將到來的未來，所以永遠都對當下不滿意。

人類學家娜塔莎．道．斯考爾（Natasha Dow Schüll）是紐約大學的教授，她曾分析賭場管理者如何利用人類對多巴胺的追求。他們提供食物和飲料等免費獎勵，在人們一直輸錢時讓人產生贏錢的感覺，這樣才能鼓勵客人繼續下注。一九八〇年代，賭場引進了賭博機台，斯考爾認為賭博機台特別設計成會讓人上癮，它讓人們在幾秒內就可以體驗到差點要贏的感覺。這些機台給人感官回饋，音樂聲和螢幕上色彩繽紛的畫面。這些刺激會讓我們想要不斷地玩下去，讓我們進入某種迷幻狀態，忘記自己該做的事，也忘記自己到底坐在這裡多久了。在拉斯維加斯，你可以看到賭場的天空被畫成像白天一樣，並且打上燈光，營造永遠都是白天的錯覺，讓那些夜貓子賭徒繼續在機器和賭桌之間遊蕩。

雖然拉斯維加斯是一個極端的環境，幾乎就是上癮的同義詞，但其實我們日常生活中所依賴的科技產品也是被設計成會產生同樣的效果——它們會提供各式各樣的誘惑，動動手指便可以知道全世界的資訊，只要幾秒鐘就可以聯絡到我們認識的所有人（也許還有不認識的人）。它們讓我們持續不斷地追求轉推、讚、新訊息所發出的通知音。我們每一天都把賭場放在自己的口袋裡。

就像鹹的下酒菜會讓喝啤酒的人想要喝更多啤酒一般，我們這個時代普遍擁有的工具，從即時訊息到一鍵購物，都讓我們必須立即獲得現在想要的。我們開始期待一切變得更快，如果結帳排隊時隊伍前進得很慢就會覺得很不耐煩。我們不只是更常測量時間，還覺得時間越來越少。在這條軌道上可以追溯到拍立得、微波爐，各式各樣的產品讓我們生活中的每時每刻都充滿了我們所認為的「立即」。

亞利桑那州立大學科學想像中心（Center for Science and the Imagination）主任艾德・芬（Ed Finn）記錄了谷歌（Google）如何努力增強搜尋引擎，縮短我們輸入後需要等待的時間。Google的「自動完成」（autocomplete）功能在你打出全部關鍵字之前就會幫你完成它——有時候甚至是你還沒有想到之前，這個功能的目標就是預測你的期望，並且更快地滿足它。

數位時鐘象徵著科技抹除了我們對過去和未來的感受，讓我們只將注意力放在當下。世世代代，傳統時鐘和手錶的指針顯現出時、分、秒，讓我們看見指針從過去移動到未來，不斷重複。數位時鐘只會顯示出當下的時間，一個瞬間跳到下一個瞬間。

十七世紀，牛頓提出了絕對的、數學上的時間，以及我們感受到時間流逝的速度——「視時」的差別。文學學者哈洛德・施韋澤（Harold Schweizer）提出，科學的發展讓我們所體驗到的視時不斷壓縮，這讓人類變得更加疏離和焦慮。他在《論等待》（*On Waiting*，暫譯）一書中寫道：「在追求即時的文化當中，等待不僅很丟人，也因為跟現代脫節而令人不安。」他指出我們的焦慮在未來可能會更加惡化的原因：「如果社會加速改變造成現在的縮短，等待就會被痛苦地延長。」他將縮短的時間比喻為相機快門一瞬間的閃動。「換句話說，現代時間的加速，大幅增強了等待的煩悶。」

在這個無法忍受等待的時代，追求立即滿足幾乎是不可避免的。在使用智慧型手機、網路搜尋、社群媒體時，我們表現得很像上癮者，腦科學家彼得・懷布羅（Peter Whybrow）稱這些科技產品為「電子古柯鹼」。雖然這不像其他濫用成癮會為我們帶來立即的威脅，但還是會讓我們習慣犧牲未來的抱負，滿足當下的欲望。

接下來的數十年，我們很可能會擁有更多為我們提供更快、更無縫接軌的體驗的科技產品。即使我們有辦法可以完全擺脫那些工具，也很難想像我們會想要這麼做。數位科技就是我們這個時代的蒸汽機，是我們所做的一切的動力來源，讓我們可以跨越距離彼此連結。很少人會拒絕使用讓事情變得更快、更輕鬆的產品。我並沒有像盧德（Luddite）主義一般地幻想完全逃離這種文化，不過就像許多人一樣，我想知道該如何在必須重視未來的時候擺脫當下的誘惑。我希望能在幾乎要受到誘惑、魯莽地在路上調轉方向時往前看。

我有一個表親是撲克牌玩家，他經常去拉斯維加斯或其他城市的賭場。然而，與其他賭徒不同，他離開賭場時通常是贏了許多錢。有一次他告訴我，他認識的一位撲克牌玩家有策略地打牌，而不是莽撞地打牌，一年就賺了幾百萬。這些專家總是待在賭場，有些甚至住在拉斯維加斯。他們並不是立即滿足的受害者，而是大師。

二〇一五年我去拉斯維加斯時，在好萊塢星球主要賭場樓上的一間房裡觀看了一場獎金一百五十萬美元的撲克比賽。這間房大約有一般會議室的兩倍大，鋪著骯髒的地毯，有硬邦邦的黑色椅子，頭頂的燈光昏暗。瓶裝水和紅牛能量飲料代替了樓下送酒女侍遞給玩家的馬丁尼。廣播喇叭中傳來口齒不清的聲音，宣布新的回合開始了，聽起來無聊得就像高中游泳比賽的司儀一般。比賽進行途中，一名清潔工會推著一個小型垃圾桶，到每一桌去收集三明治包裝紙。數百名撲克玩家戴著棒球帽圍繞著桌子坐著，這個場景看起來更像老人安養院裡舉辦了賓果遊戲，而不像是舉辦在賭城大道的精英賭博大賽。也許觀看治療蛀牙的過程還比較有趣一點。

專業撲克玩家並不是人中之龍，擁有比其他人更加強大的意志力。在拉斯維加斯和賭場裡有某種次文化——他們自己的規範、自己的用語、自己的地盤。就像一九八〇年代的龐克，這種次文化是某種反文化，支持者會堅定地表達他們和自己所瞧不起的主流賭博文化之間有所差異。他們認為自己是拉斯維加斯的駭客、策士，有別於那些粗心大意且天真的遊客。

撲克牌和其他賭場裡的遊戲不一樣，不只是物理上的差別，還有一點就是它可以成為一種職業。有技巧、運氣好的玩家不可能會輸。專業人士表示，可以在撲克業界待得久的玩家，大多得到的是和立即滿足完全相反的東西。他們並不是在某一場驚天動地的比賽當中大賺一筆，而是長期從許多場遊戲當中賺取生活費。成功的玩家是在長達數天的比賽中堅持一個一個打、一級一級打。他們緊握著籌碼，時常雙手交握，等待好時機出現，再一次賭一把大的。獲勝的玩家必須忍受輸的時刻，不能收手，這樣才能在比賽中晉級。相反地，不夠厲害的玩家無法克制想要每一把都贏的衝動，也就是「怪客撲克」（vendetta poker），出於小心眼和自尊心，想要贏過每一個玩家。

專業撲克玩家之間的行話強調出他們的價值觀。從學習如何打撲克，到可以靠打撲克維生的這段漫長過程被稱為「研磨」（grinding），而像這樣花費時間來精進技術的行為是值得尊敬的，就像是文藝復興時期在雕刻家的工作坊裡當學徒一樣。如果一個撲克玩家將打撲克贏來的錢花在賭場大廳玩花旗骰或二十一點、拿去喝昂貴的酒、去夜店，這叫做「漏洞」（leak），意思是如果有漏洞的話，船總有一天會沉。用語支持著一個次文化的習俗，不一定所有人都順從，但許多人都嚮往。

在專業撲克文化當中，忍受輸是一種榮耀的勳章。道奇．博伊德（Dutch Boyd）以二〇〇三年在世界撲克大賽（World Series of Poker）獲勝而聞名，他簡潔明瞭地對我說：「許多人想成為撲克明星，但其實坐下來練習、追求進步這件事情是很討厭的。」博伊德持續了數年的落敗，最後獲得勝利才終於讓他由紅轉黑。

另一位撲克玩家羅尼．巴達（Ronnie Bardah）從小就時常被父親丟在電子遊樂場，而父親則拿著家中積蓄去賭馬。巴達自行訓練將近十年，剛開始先在低賭注的賭局上打業餘撲克累積經驗（職業玩家將這樣的玩家稱為「魚」），之後才進入現在他在全球參加的那些高等比賽和現金比賽。二〇一〇年他在一場比賽中得到第一筆六位數獎金，這是他開始認真玩撲克的七年後。就像我遇到的其他成功的撲克玩家一樣，他是藉著短期的犧牲，來獲得更大、但無法確定的長期回報。他可以抗拒想要獲得更多的衝動，就像能夠通過棉花糖測試的孩子一樣。他沒有步上父親的後塵，賭博賭到一貧如洗。

二〇〇八年及二〇〇九年，兩位英國記者訪問了幾位撲克玩家，發現了一些模式，可以印證我在拉斯維加斯所觀察到的。每年可以賺到超過十五萬美元的那些成功的專業撲克玩家，和以興趣為主的玩家之間的差別是在於他們不會想要趕快彌補失敗，視野綜觀全局。他們似乎知道如何在輸的當下把情緒抽離出來。

撲克玩家面對輸的態度讓我想起社會學家馬歇爾・甘茲曾告訴我的，為什麼有些社會運動可以持續很久，有些卻會失敗。甘茲表示，一個很重要的原因是社會運動領袖如何面對挫折——是將挫折形容為學習的機會、可以讓這項社會運動更加強壯，還是將挫折形容為失敗、表示是對手太過強大。換句話說，在艱難的時刻，綜觀全局地考量失敗也許可以阻止人們放棄。凱斯西儲大學（Case Western Reserve University）政治學家凱倫・貝克威斯（Karen Beckwith）研究她所謂的「對失敗的形容」（narratives of defeat），追蹤英國和美國的勞工運動後發現，對失敗做出正面的形容可以讓這個運動維持下去。馬丁・路德・金恩曾說：「我們必須接受有限的失望，但永遠不要失去無限的希望。」

專業的撲克玩家有自己的環境，將他們和賭場的其他誘惑阻隔開來。即使是在拉斯維加斯，撲克比賽通常是舉辦在和賭場的主要大廳分隔開來的房間裡，就像我在好萊塢星球看到的那樣。這是賭場管理者精打細算過的，因為撲克玩家不像其他賭徒能讓他們賺那麼多錢，他們的籌碼是輸給其他玩家，不是輸給賭場。（賭場可以獲得現金比賽中一小部分的獎金，以及一部分的比賽報名費。）

撲克玩家通常會四處徘徊、慢慢賭博，而不會穩定地把錢都投到拉霸機，或貿然輸一大筆錢在俄羅斯輪盤上。賭場更喜歡向不懂這個次文化的人提供優待，而不是理解這個次文化的人。相反地，撲克玩家會因為被忽略而得到好處，他們斯巴達式的文化與賭場慫恿人們遵循衝動獲得立即滿足的特徵相差很大。沒有穿著暴露的女性，沒有免費的高級酒，沒有每投進一個硬幣就會響起的鈴聲或亮光。尋求下一個滿足的衝動循環被瓦解了。

撲克文化像一座島，它處於一個專門慫恿人們短視近利的環境，這提高了我們更廣泛地創造反文化習慣的可能性，讓我們在日常生活中抗拒立即滿足。

作家兼企業家威廉．鮑爾斯（William Powers）數年前和他的家人開始採用這樣的做法。他是受到柏拉圖、塞內卡和梭羅（Thoreau）的啟發，他們在各自的年代都在尋找避難所，躲避這個越來越緊密、越來越忙亂的世界。鮑爾斯在家中建立了一個習慣，用以打破衝動循環。每個週末，家裡要執行「網路安息日」，不能使用Google搜尋、電子信箱以及電子設備。如此一來，他們就可以更加深沉地思考，更加專注地互動。作家皮科．艾爾（Pico Iyer）也提倡在現代生活當中設立一個時段來享受靜止和沉默。

美國全國都有人正在提倡創造讓人們短暫停止使用數位科技的空間。作家兼前沃爾瑪主管尼爾．帕斯瑞查（Neil Pasricha）提議每週安排一天「不可觸碰日」，不能開會、不能打電話、不能檢查電子信箱或社群媒體。他說這個做法讓他的效率提高了許多，也完成了許多長期計畫。

因為時間會隨著我們的感受而產生變化，環境可能會影響我們認為自己擁有多少時間——也就影響了我們的耐心。與緩慢的節奏相比，快板的音樂似乎會讓人們變得較沒耐心。在一套實驗中，加州大學洛杉磯分校營銷教授凱西．莫吉納（Cassie Mogilner）發現，與必須做瑣碎的、浪費時間的事，或者單純來放鬆的人相比，寫信給病童，或者在週六早晨花時間去幫朋友忙的人，之後會比較有可能覺得生活中有足夠的時間可以做自己的事。

文化確實會造成差異，就像等待第二份甜點時，喀麥隆的孩子可以比德國的孩子等待更久的時間。我在新加坡時常看見人們停車時，倒車停進停車格或車庫，有人曾向我說明這是一個文化上的習慣，為了「必要時能快速離開」。我們可能也會在家庭或社區中培養一些前瞻性思考習慣。雖然一直以來都有人認為新加坡人或是中國人在生物學方面有某些不同，讓他們更傾向於思考未來，但我研究過後認為，文化和次文化的習慣才是造成影響的主因。以中國的股市來舉例，投資人可能會表現得非常投機、短期考量，這就和獨裁的中國政府的文化習俗差異很大，他們數個世紀以來都想要建立帝國。

最重要的是，次文化可以重塑人們對衝動的期望和感受。我曾拜訪紐約市的一間貴格學校（Quaker school），每一天開始上課之前，全校師生都必須先到禮堂來進行冥想。這時候如果有學生或老師想要說話，是可以說話的，但是校內風氣和貴格文化傳統認為，當一個人說話之後，另一個人回答之前，必須要先等待一段時間和沉默。這段靜默可能長至數分鐘，外人可能會感覺像是永恆一樣久。在我們越來越急著想立即回覆每一則訊息的這個時代，等待一段時間後再回答——或甚至是根本不回答，是一種反文化行為。看見處於這種環境下的青少年靜靜地等待、沉思、傾聽、思考，就像看見一場小型革命一般。

在上一個世代，宗教場所和市政廳可能是人們聚集起來、一起思考當下的擔憂並規劃未來的地方，甚至思考死後世界。現在，大多數情況下這些行為都被限制在某些固定的場所，並不是在我們日常生活或工作的地方。我們可能會去上瑜珈課或是到禪修中心，一天一小時，或者和某些朋友聚餐，如果拿出手機的話那些朋友就會瞪我們。這些都結束後，我們又會回到日常生活中的虛擬賭場。我們必須營造更多讓我們可以思考未來的環境，尤其是要有一個非宗教的環境，讓不具有相同信仰的人們可以一起培養耐心。可以在公園、庭院，或者家中或辦公室的某個房間，在這裡鼓勵人們緩慢對話以及靜思。同時，這也可以幫助我們了解自己可以採取什麼樣的做法。

某方面來說，打撲克就像是在規劃未來——你只能根據一小部分的資訊來做出決定，很大程度是依靠運氣。你只能控制手上的牌和籌碼，你不能控制自己和對手拿到的牌，也不能控制其他玩家的行動。你在不確定當中做出決定，無法知道未來到底會如何發展。

然而另一方面，打撲克和現實世界中的決策有所不同。以撲克來說，結果會出現在一個廣大但非常明確的範圍內——牌的組合、其他玩家的舉動，有許多都是可以預測的。許多經驗老到的玩家甚至能夠大略知道各種結果的機率。在那些我們能夠預測自己可能會遭遇到什麼的情況下，就可以利用這些成功的撲克玩家所使用的技巧，來解決可預測的障礙。

麥特．馬特羅斯（Matt Matros）曾獲得世界撲克大賽冠軍，靠著打專業撲克賺了超過兩百萬美元，他曾和我分享其中一個他認為自己取得成功的祕訣。

馬特羅斯剛開始玩撲克的時候，非常享受獲勝時的快感。但是因為很討厭輸，他也幾乎沒有贏過任何比賽。在值得賭一把的時候他太膽小了，不敢出手，所以他無法賺到足夠的籌碼，讓他能在比賽後期和更加野心勃勃的玩家正面對決。長期看來，為了避免短暫的失敗，害他獲勝的希望變得渺小——就像有些投資人一看見股票下跌就無法保持冷靜一樣。

馬特羅斯形容自己是個怪胎，他在大學取得了數學學位。二〇〇三年一名來自田納西州的會計師克里斯．福星（Chris Moneymaker）在世界撲克大賽獲勝之後，許多像馬特羅斯這樣的高智商玩家紛紛開始湧向專業撲克世界。克里斯是一匹黑馬，他花了好幾年的時間作為業餘選手學習和練習撲克，大都是在網路上。他第一次參加的真人比賽就是二〇〇三年的世界撲克錦標賽，他花了三十九美元參加資格賽，最後獲得二百五十萬美元的獎金。

馬特羅斯之所以能夠成為撲克冠軍，是因為他想到了一個非常書呆子的打法。還沒上牌桌之前，他就已經想好了一個全面的策略，有時候他會虛張聲勢，假裝自己拿到一手好牌。如果他手上的牌不好，有時候不下注，有時候則會吹牛。

這個策略就是想像出自己可能會在牌桌上遇到的所有情境，這樣就可以事先計畫好應該怎麼反應，即使害怕會輸也沒有問題。但是，他並不需要像衛斯理學院的心理學教授崔西・格里森一樣，在露營之前憑空想像出可能發生的情境。因為這是撲克牌，他可以計算在不同牌組之下輸贏的機率，這在我們人生中並不常見。當馬特羅斯面臨艱難時刻，也就是實際的牌組並不是他想像中的那樣，他就會使用之前練習過的方法。這就好像他已經事先彩排過一齣戲，他可以回想起自己的台詞，再加入一點即興創作。

我在想，馬特羅斯的做法是不是只適用於理性的精英思考者？接著我偶然看見了彼得・戈維哲（Peter Gollwitzer）的研究，他是紐約大學的一名實驗心理學教授。一九八〇年代，戈維哲在德國的馬克斯・普朗克研究院（Max Planck Institute）領導一個研究團隊時，他開始研究人們如何在眼前的誘惑當中堅持邁向長期目標。他發現大多數人都不是缺乏動力去設立目標，問題是當他們遭遇到不利的短期誘惑時，很難保持原來的方向。很快地，他開始測試一種方法，模仿麥特・馬特羅斯打撲克的策略，他稱之為執行意圖（implementation intentions），或稱「如果／就」（if / then）方法。透過數百個涵蓋各種內容的研究——吃得更健康、完成回家作業、存錢、避免因為膚色而改變對待他人的態度——戈維哲和同事證明了人們實現抱負時，花時間來事先預測可能遭遇的困難會有什麼好處。舉例來說，想要吃得更健康的人可以寫下在一週之中可能會遭遇到哪些誘惑導致自己想吃垃圾食物，然後訂定計畫以便應對這些誘惑。

戈維哲的關於「如果／就」方法的研究讓人驚訝的是，長期目標越困難，這個方法就越有用。換句話說，針對那些會讓人無法發揮本就薄弱的意志力的挑戰，這個方法會更加有用。他也證明了這個方法對於無法控制衝動、沒有耐心和毅力的人更加有效。在他的研究中，精神分裂症患者、酗酒者、注意力不足過動症兒童若使用「如果／就」方法，有很高的機率可以拒絕分心並延遲享樂。比起一般人，他們會因為這種方法而獲得更多幫助。我們也許可以更加廣泛地應用馬特羅斯的撲克打法。

很顯然地，「如果／就」方法的實際應用非常簡單。事實上正因如此，我很猶豫要不要寫這個，直到我發現它有令人驚豔、尚未被發現的潛能，不只是做一些微不足道的決策。假設你決定明天早上不要點開電子信箱，這樣才可以去做一項長期計畫。為了防止自己因為意志薄弱而貿然放棄目標，你可以仔細思考有可能遇到哪些讓你被誘惑或者分心的情況，接著你可以想出各種方法來應對。舉例來說，這些方法可能是「如果我發現有一封電子郵件必須回覆，就把這件事寫在筆記本上提醒自己，這樣等一下就不會忘記要寄信了」，或是「如果我因為計畫遭遇困難而想要點開電子信箱，就站起來離開電腦，去外面散散步」。你規劃得越詳盡，這個方法就越有效。在心裡想像並做出正面行動——說自己要做什麼，而不是不要做什麼，會更強而有力。

「如果／就」方法要求人們想像自己在未來情境中做出理想的行動，而不只是想像未來的情境。這讓我想起了心理學家崔西．格里森所說的，如何消除某些人在想像未來時所產生的焦慮感。「如果／就」方法就是讓人們想像自己在未來的某個情境裡可以掌控自己。這是一種可以把未來的恐懼轉變成計畫的方法，並由當下這個更冷靜或更有抱負的你，去引導未來那個脆弱的你。舉例來說，如果人們詳細訂定選舉日的計畫並說出來，他們就更有可能會出現在投票所。然而，這種方法的限制就是，只能使用在我們可以事前想像的情境之中。（我們所面對的未來時常是無法預測的，在更後面的章節會再探討。）

「如果／就」方法最讓我感興趣的就是，它不只可以用來阻止我們做出攸關自身性命的衝動決策，還可能拯救他人性命。

二〇〇九年，戈維哲和他的同事薩德．門多薩（Saaid Mendoza）在一項研究中有了重大發現，他們進行了一項實驗，請人玩一個電腦遊戲，他們將這個遊戲稱為射擊工作（Shooter Task）。遊戲裡會出現各種男人的圖片，有些是拿著物品，有些是拿著槍。這個遊戲的目的是要射擊拿著槍的男人，但不要射到拿著其他物品（如錢包或手機）的男人。（選擇是否要射擊，是要按下寫著「射擊」或「不要射擊」的鍵。）他們要求受試者快速做出反射性的決定。一共八十張圖，每張圖大約有半秒鐘的時間。

遊戲裡會出現黑人也會出現白人。早期的研究顯示出，與不帶槍的白人相比，受試者有更高的機率誤射不帶槍的黑人，射擊速度也更快。同時，與有帶槍的黑人相比，他們也有更高的機率不射有帶槍的白人。二〇〇九年的實驗裡，受試者沒有一個是黑人，他們第一次玩這個遊戲時，都表現出相同的「內隱偏見」（implicit bias）。多數情況下，表現出這種傾向的人都不覺得自己有種族歧視，也不會因為別人的性別、種族、年齡或外觀，而刻意對別人做出惡意舉動。然而，在被要求快速做出反應的情況下，隱藏在心裡的偏見就會掌控他們的行為，甚至凌駕於他們的意圖之上。

門多薩和戈維哲讓一半的受試者在開始玩遊戲之前練習「如果／就」方法。他們提醒受試者，除了是否有帶槍之外，不要被目標人物的其他因素影響自己的反應。研究人員建議他們使用這樣的方法：如果我看見一個人，就忽略他的種族！他們要求受試者在心裡重複想這句話三遍，然後在這句話從螢幕上消失之後，將它打字輸入一個框內。使用這種方法的受試者較少犯錯，他們更常射擊有帶槍的白人和黑人，讓沒有帶槍的人安然離開。

美國公立學校的校長及教師開始討論這項研究，並嘗試利用它來防止因為種族而做出的草率決定。凱瑟琳·艾伍德（Kathleen Ellwood）是俄勒岡州波特蘭一所學校的校長，她在二〇一二年發現在她所任職的K-8學校裡，因為表現不良而被送到校長室的學生有九〇%都是黑人——即使整所學校裡只有一五%學生是黑人。美國整體的情況也和這所學校一樣。二〇一八年，美國政府責任署（GAO）分析K-12公立學校的資料，發現無論學校是否貧窮、無論處分形式，黑人學生被短期停學或開除的機率都比白人學生高出很多。黑人中學生被送去校長室的機率幾乎是白人中學生的四倍，但是他們做出不良行為的機率卻沒有明顯比白人學生高。

艾伍德是一名白人，她在加州長灘一所公立學校進入教師生涯，當時正是一九九〇年代早期，當地發生暴力起義和種族衝突的時候。她發現即使是最堅強的青少年——幫派成員，或曾經親眼目睹有人被殺的孩子，只要想起小時候有老師或校長說自己很笨或者沒有用，還是有可能會流下眼淚。她認為，小時候在學校的經驗會影響一個人未來的夢想和生活的選擇。

研究顯示，美國公立學校的老師處罰有色人種學生（尤其是黑人學生）時，會比處罰白人學生更加嚴厲，即使他們犯下的是同一件不良行為。結果就是更多有色人種學生錯過在教室的重要時光，因為他們被送去校長室、留校察看，或者停學。這不只影響他們在學校的表現，還會影響他們人生的成就——造成了所謂的「學校監獄一直線」（school-to-prison pipeline），錯過學校教育的孩子更容易犯罪。

並不是會把學生送到校長室的老師都有種族歧視的自覺，或刻意要處罰特定的學生，事實上，研究顯示大部分的老師都沒有這樣的意圖。但是在極度憤怒的時候，更有可能會做出反映內心偏見的衝動決定。老師就像我們所有人一樣，都接觸許多描寫黑人犯罪的媒體和流行文化，塑造我們不自覺的看法和行動。

俄勒岡大學教授肯特．麥金塔（Kent McIntosh）和艾力克．格文（Erik Girvan）將這些校園懲處事件稱為「脆弱決策點」（vulnerable decision points）。他們在全美追蹤這些校園裡的懲處事件，並進行分析，顯示出教職人員的這些舉動通常是可以預測的。一天的結尾或一週的結尾，老師們已經很疲勞了，或者中午因為會議而沒吃午餐、非常飢餓時，就更有可能做出衝動的決定。在某些班級或某些老師身上，這些時刻可能更加特定，但仍然可以預測，舉例來說，某個老師管不動的學生打斷了課堂。

這顯示出夏菲爾和穆蘭納珊所證明的，缺乏（在這個情境下指的是缺乏時間和注意力）與衝動決策之間的連繫。這和窮人無法為未來儲蓄的原因很像。

在這種時候，老師和校長做出的舉動可能會違背自己的意圖。即使是像艾伍德這樣，花了超過二十年的時間試圖要解決教育界種族歧視問題的人，也告訴我說她有幾次發現自己會因為學生的膚色不同而有不同的對待方式。

艾伍德邀請麥金塔到她的學校去訓練老師們找出自己的方法，讓自己習慣在脆弱決策點時該如何對學生的行為做出反應。麥金塔讓老師們事先計畫好，未來某個時刻自己容易不小心做出過度的處分時，應該做出何種反應，然後清楚、堅定、大聲地說出這個計畫，並寫在紙上。這是為了製造一個衝動屏障——讓生氣和做出處分之間空出間隔。

舉例來說，假設有一位老師意識到，在自己沒吃午餐的日子，如果學生又打斷她說話，她就特別容易生氣，那麼她就可以事先計畫好，使用這個方法，大聲說出：「如果學生插嘴，我就把鉛筆丟到地上，深呼吸一口氣，再決定要做什麼。」或者她也可以說：「如果某個學生做了什麼事，我就先把手放在背後、退後三步。」麥金塔已經在全美訓練了數百名教師使用這個方法。

艾伍德發現，當她學校裡的教師、學生和職員都使用「如果／就」方法之後，對黑人學生做出的不公平處分就大幅減少了，整體來說，被送到校長辦公室的學生也變少了。麥金塔和格文正在全美各級學校研究這種做法，看看減少不公平處分的效果是否一致，以及這種做法是否可以幫助重塑校園文化。目前已經證實這樣的做法是有效的，但還必須驗證是否在校園以外的地方也同樣有助益。

我們都可以學習這些簡單的習慣，對於我們規劃未來可能會有幫助。但我擔心的是，在個人的衝動之外還有其他因素會影響我們思考未來時，這樣的習慣就不足夠了。如果有可能因此被股東開除，執行長就無法決定要將公司經費投資在研發方面了；如果房地產公司宣稱會在下一次的選舉時抵制他，市長也許就不會禁止在危險的沿岸進行開發了；如果會侵蝕土壤的作物就是賣得比較好，農夫就很難更加照顧土壤了。在這些情況下，若要更長遠地規劃未來，我們就必須要超脫個人的身分。

第二部

企業與組織

BUSINESSES
AND ORGANIZATIONS

THE
OPTIMIST'S
TELESCOPE
THINKING AHEAD IN A RECKLESS AGE

第四章

快速解決

——後果的提示

隨身攜帶一瓶威士忌以防蛇咬，另外，隨身攜帶一條小蛇。

——菲爾德斯（W.C. Fields）

錯誤不是一個單獨時刻，而是多種情況集合起來造成一瞬間做出錯誤的決定。

大多數人都能很快說出犯下錯誤的差勁組織的故事。我們記得詐欺者的醜聞標題與臉孔，他們為了眼前利益主動招徠未來的災難。汽車公司刻意設計程式在排放廢氣測試造假而被罰款數十億美元。銀行虛設數百萬個支票帳戶而遭到調查。慈善機構忽視現場工作人員買春而被捐款者摒棄。

然而，團體組織不智地鼓勵莽撞的決定，將造成比我們已知的醜陋弊案還要嚴重的威脅。美國國家經濟研究局助理研究員約翰・葛拉翰（John Graham）的研究，讓我們正視驚人的醜聞。他證明，高層主管習慣性做出差勁長期決定以促進短期利益的公司，包括我們退休金帳戶或法人投資者管理的年金基金有投資的公司，使得股東損失更多資金，超過公司詐欺所損失的。單獨來看，這些決定看似無害，但加總起來便構成一種考慮不周的模式。

組織團體犯下的最重大錯誤有許多都是可以預防的。如果企業、非營利組織和政府機關可以學習新方法，便可以掌握未來契機，注意到災難警訊。他們並沒有注定悲慘的命運。了解到這點，讓我不再低估企業培養遠見的潛力。藉由研究企業的錯誤與成功，我明白他們有潛力去預見未來的道路與避免偏離正軌。就像我們一樣，企業也是有選擇的。

莎拉．柯斯葛洛夫博士（Sara Cosgrove）的職業生涯大多在領導對抗超級細菌，這種具抗生素抗藥性的致命細菌已蔓延全世界。

柯斯葛洛夫是一位傳染病醫師、醫學院教授，以及巴爾的摩約翰霍普金斯大學抗生素管理計畫的負責人。她是抗藥性傳染病的知名專家。她低調、熱誠，擅長在棘手的情況下苦中作樂。當她聊到數十年來一直努力想要弭平的危機時，她的黑色眼珠便因為決心而發亮。

柯斯葛洛夫在孩童時期便立志當醫師。她經常感冒去看醫師，在候診時，她總會拉開裝滿令人著迷的棉球與玻璃管的抽屜。在家裡，她把雙氧水、洗髮精和泡澡粉混合，製作「藥物」給她弟弟，幸好，他從來沒有吃下去。一九八〇年代後期讀高中時，《滾石》（*Rolling Stone*）雜誌一篇有關愛滋病每年造成數千美國人死亡的報導，令她深受感動。

讀醫學院的時候，柯斯葛洛夫以為自己一生都將治療人類免疫缺乏病毒（HIV，又稱愛滋病毒）及愛滋病患者。在醫學院，她訪問帶有愛滋病毒的婦女，她們死後對子女有何計畫。然而，二〇〇一年接受研修醫師訓練時，她開始關切另一個被忽視的問題。她注意到患有抗藥性傳染病的醫院病人，死亡率高於其他病人。她認為，許多死亡案例其實是可以預防的，假如醫師對於如何治療患者可以做出更好的決定。柯斯葛洛夫決心解決這個問題，此後便一直全心投入。

「這是一道難解的謎題，」她說，「每隻細菌都有自己的故事。」柯斯葛洛夫對於打擊超級細菌的經驗，值得作為團體組織避免做出魯莽決定的借鏡。

超級細菌在世界各地孳生，每年造成七十多萬人喪生。對抗生素具抗藥性的淋病已在各地蔓延，大腸桿菌等抗藥性傳染病在醫院病房與養老院肆虐。一百二十餘國的人患有傳染性結核病。等到二〇五〇年，預估每年將有至少一千萬人死於超級細菌。

對醫院來說，這是一種負擔，也是一場噩夢。醫院裡爆發感染時，原本可以治癒的病人可能染上致命疾病。最虛弱的病人，包括癌症與器官移植患者，遭感染的風險最高。醫院爆發超級細菌將削弱大家對醫師及醫療體系的信賴。

對柯斯葛洛夫這些研究傳染病的人士而言，超級細菌增加並不足為奇。這個問題可以預見，並且已被預見，卻也是可以避免的。現在，大多數醫護人員、病患和醫院管理者都知道如何預防。難題在於，罪魁禍首也是救命良藥。

抗生素藥物首度普遍應用，是在一九四二年十一月一個寒冷的夜晚。

椰子樹叢（Cocoanut Grove）這家由地下酒吧改裝的俱樂部，設在波士頓一座單調的倉庫裡頭，那天晚上，舞廳地板上排著跳康加舞的長龍。那是城裡最熱門的派對場所。波士頓聖十字學院（Boston College-HolyCross）美式足球比賽結束後，上千人湧進這個俱樂部。在椰子樹叢的黑白條紋沙發與人造棕櫚樹之間，名人、黑幫老大、酒客、士兵和運動迷沉浸於熱帶氣息之中。

一個星期前，作曲家歐文．柏林（Irving Berlin）才在這個地方表演，宣傳即將上映的電影《這就是軍隊》（*This Is the Army*），由後來的美國總統雷根主演，還有爆紅歌曲〈天祐美國〉（*God Bless America*）。大西洋彼岸，希特勒不久前入侵法國維琪（Vichy）。椰子樹叢的敞篷屋頂在溫暖的夜晚會打開來，讓大家看星星，但在那個寒夜，天花板覆蓋著藍色綢緞頂篷，只有一扇旋轉門兼做出口與入口。

目擊證人陳述了事件發生的經過：一名十六歲的酒吧服務生在黑漆漆的走廊想要轉緊電燈泡，偷情的情侶為了隱密總是把燈泡轉鬆。這個服務生想要看清楚燈座，便點亮一根火柴，然後丟到地板上。俱樂部裡的人造棕櫚樹與綢緞頂篷瞬間燃起一片火海，大家衝向狹窄的出口想要逃命。五十年後，波士頓消防局調查結論指出，故障的空調系統洩漏出氯甲烷，使得這種易燃氣體充滿整個俱樂部。

大約五百人死於這場大火，當晚數百名燒傷者被送進波士頓的醫院。他們的開放性傷口很容易受到葡萄球菌感染，當時對燒傷患者而言如同宣判死刑。這是波士頓史上最嚴重的火災，也是美國史上最致命的大火之一，死亡人數比一八七一年在該城延燒數英里、達兩日之久的芝加哥大火還多出數百人。

可是，至少有一絲絲好消息。紐澤西州一家公司聽聞這場大火，立刻派遣一部卡車北上趕到麻州綜合醫院，該院當晚收治許多燒傷者。卡車載運的貨物是當時在美國只有不到一百人使用過的一種不知名藥物。那就是盤尼西林，治療該場大火燒傷患者的醫師誇讚這種藥物提高病患存活率，並且讓最嚴重的患者可以更安全地進行植皮。

這種藥物成功救治椰子樹叢大火悲劇的受難者，促使美國政府支持企業製造抗生素。添加盤尼西林的飲品、漱口水和肥皂馬上大量上市。「感謝盤尼西林……他要回家了！」某家公司一九四四年在《生活》（*Life*）雜誌刊登的一則廣告如此吹噓，並且宣揚這種藥物是二戰的濟世良藥。等到一九五〇年代中期，美國人不需要醫師處方便可以買到盤尼西林。

二十世紀初葉，在抗生素普及前，家家戶戶都有人過早死亡。人們很容易死於肺炎、痢疾和猩紅熱。產婦生下新生兒後因敗血性休克而死亡。在一些城市，三成的嬰兒不到週歲便因為感染而夭折。一九二七年，一名奧地利醫師為了治療梅毒患者的痴呆，故意讓他們感染瘧疾，還因此獲得諾貝爾醫學獎。這個主意糟透了，但在抗生素發明前的絕望年代卻得到讚賞。

盤尼西林與其他抗生素普及之後，人們不再那麼懼怕被害蟲叮咬或生產。咳嗽不再被視為被判死刑。抗生素簡直像是靈藥，做器官移植或三重心臟繞道手術也不會死於感染。這種藥物也讓性愛變得更加安全：美國大兵在越南經常光顧妓院，他們會定期注射盤尼西林以預防淋病。美國軍方也會替一些妓女注射。

大家都喜歡棘手問題有快速解決的方法，而抗生素向來扮演這種角色。今日，抗生素已超越治療領域，跨入預防領域。農民給健康雞隻餵食抗生素，以防萬一。醫師開藥對付普通病毒，但其實只要充分休息，人體便可擊退這些病毒。

「由於抗生素登場，並且拯救無數生命，我們在一九四〇年代中期到二〇〇〇年代一直認為抗生素是無害的，」柯斯葛洛夫對我表示，「醫師面對的問題不是何時開藥，而是為何不開藥？」作為二十世紀的仙丹，抗生素可能造成危害的想法讓人覺得無法理解：這麼神奇的東西怎麼可能造成危害？

現在，美國與英國，以及中國與開發中世界，為咳嗽及感冒所開立的抗生素大多不是正確的治療方式。不必要的抗生素構成後遺症，因為它會殺死維持我們健康的人體微生物社群，同時讓我們容易感染嚴重病菌。

很久以前，啟動抗生素革命的醫師便了解這種危險。亞歷山大．佛萊明（Alexander Fleming）在一九二八年發現盤尼西林具有殺死細菌的強大效力。他在一九四五年便警告，濫用抗生素將刺激細菌進化而產生抗藥性。然而，數十年來，新的抗生素不斷推出以取代舊藥，掩蓋了這種長期後果。

如果製藥公司不斷製造新抗生素，讓醫師用來取代無效的舊藥，就像給汽車更換引擎油一樣，超級細菌或許不會構成隱憂。但是，容易研發的抗生素早已開發得差不多了，想要發明新藥變得昂貴且困難。製藥公司開發病人會多年服用的降血脂藥物或止痛藥可以得到更多利潤，多過病人只會服用數日的抗生素。這場戰役輸定了，超級細菌攻擊力增強，可以抵禦的藥品卻越來越少。抗生素變成人類過度使用、不顧未來後果的一種稀少資源，就像含水層的淡水與礦坑的煤炭一樣。

柯斯葛洛夫希望讓我們僅剩的抗生素維持藥效。她笑著說：「我們必須停止愚蠢地開立抗生素。」

但是，醫師並不是出於無知才開立不必要的抗生素。他們往往是基於善意，結果卻造成危害。

早年在約翰霍普金斯時，柯斯葛洛夫和同事進行了一項研究，以了解醫師是否確實明白自己在做些什麼。藉由訪調及觀察住院醫師，她發現聲稱自己不會在一些假設情況下開立抗生素的年輕醫師，實際上在那些情況開出了這種處方。儘管他們重視病患的長期健康，也想保持抗生素的藥效，他們當下採取的行動卻正好相反。另外，醫師對於所謂「正確」決定的認知也沒有促使他們做出更好的決定。如果這是慣例，那麼他們就是失敗了。

很難想像為何醫師熟悉科學知識，並且是訓練最為嚴格的專業人士，卻還是開立病人不需要的抗生素，尤其是就公共衛生及他們患者的後果而言。可是只要想想醫師們在開藥時的處境，你便會明白。醫師面對病人的時候，急迫性往往壓倒前瞻性。他們得到的暗示促使他們忽略未來。

柯斯葛洛夫發現，醫師出於恐懼而開給病人不需要的抗生素。他們擔心，如果沒有動用一切可用的資源，病人不知道會怎麼樣，他們同時也擔心自己的開藥能力。

如果無所作為，病人可能加重病情，甚至死亡。醫師擔心吃上官司。他們被病情惡化的案例給嚇到，往往想不出其他做法。他們很少感受或知道他們為病人做得太多了，無論是額外的驗血或檢測，或是造成後遺症的藥物。其他因素亦不允許他們觀察何者才是最好的方法。

現代醫學的文化重視為病人做些什麼。換句話說，有治療方式就會讓醫師有衝動去使用，不能讓人家以為他有可能的治療方法卻不對病人使用。現在我們很幸運有千成上百種技術與藥物可用以診斷與治療疾病，像是磁振造影（MRIs）及化療，卻也造成進退兩難。由於太多種方法，很容易便忽略治療病人的方式是否合理的基本問題。這同時也造成醫療支出大增。

美國的政府規定反而鼓勵醫院濫用抗生素，而不是矯正這種行為。一九九〇年代的一項政策便造成嚴重後果。為了解決高肺炎死亡率的問題，美國政府支付全國醫療健保費用的最大單一機構——醫療保險和醫療補助服務中心（Centers for Medicare and Medicaid Services）——規定，有肺炎症狀的病人一到醫院，在前幾個小時就必須接受抗生素的治療。為了協助肺炎病人，這項措施要求醫院在尚未得出確切診斷前，立即開出抗生素的處方，而且往往是不正確的處方。研究人員開始記錄到服用抗生素治療肺炎的病人感染困難梭狀芽孢桿菌（Clostridium difficile）的案例，這種超級細菌會導致結腸發炎，長期使用抗生素而殺死腸道「好菌」便容易感染。他們發現，有很高比率的病人一開始就沒有肺炎。

在醫師診間，病人通常不會像住院患者那麼症狀嚴重。然而，基層醫護人員感受到必須開立抗生素的強大壓力，而且時常是直接來自於病人。對一些醫師而言，病患對他們的信任讓他們形成一種義務感。一名父親把花了十年好不容易才得到的新生嬰兒交到外科醫師手中。一名青少年運動員得了急性支氣管炎，必須在攸關她的大學獎學金的比賽前趕快治好。醫師很難不看著眼前的病人，而去考慮模糊的未來威脅，醫學社會學家茱莉亞．希曼斯基（Julia Szymczak）表示，她多年來一直在研究醫師如何使用抗生素。（雖然製藥公司也會跟醫師強力推銷一些藥物，大部分的抗生素並不屬於那一類。）

醫護人員在病患間奔走之際，他們的壓力也跟著升高。長時間值班造成疲勞與工作積壓，他們的時間更加緊迫。在一項針對兩萬多次基層醫療診所看診紀錄的調查中，研究人員發現，隨著醫護人員值班時間越長、更可能落後工作進度及感到疲乏，他們不必要地開立抗生素的可能性也大幅增加。我認識的一名醫師是這麼說的：「你要花五倍時間才能不開立抗生素，因為你必須向病人解釋為什麼你不開藥。」

當然，疲倦、時間急迫和社會壓力導致人們做出倉促決定的事情不只發生在醫藥界。

行為科學家穆蘭納珊和夏菲爾的研究便可證明。他們指出，時間匱乏（slack）如同金錢匱乏，因為人們專注在眼前需求而犧牲未來。他們以美國太空總署（NASA）的火星軌道探測器為例說明。這個探測器於一九九九年墜毀，因為反推力器點燃的程式編寫錯誤，它原本應該要讓探測器減速好進入火星軌道。早在墜毀事件發生前，NASA便已坦承工程師為了趕上發射探測器的期限而長時間工作，以致發生錯誤。導致墜毀的錯誤是個單純的疏失，因為他們沒有把力學單位牛頓的公斤數轉換為磅數。

現在有哪個職場沒讓人們承受強烈時間壓力，或者把重要決定交給過勞與疲勞的人？我們這個時代，每個團體最起碼都被資訊流給壓垮。緊湊的最後期限、長時間值班和壓力是下列各種行業的標誌：貨運、開發行動程式、客機駕駛、社區巡邏、新聞廣播、週末夜晚供餐、打造火箭、援救火場受難者、打官司、生產自駕車和教導兒童。這種趨勢值得擔憂。這些行業的人們所做的決定影響到我們大家，而他們往往只注意緊急與立即的需求，而不是最終的後果。

社會科學家羅傑・伯恩（Roger Bohn）及賈庫瑪（Ramachandran Jaikumar）稱這種組織決策為「救火」（firefighting）模式——把熊熊大火壓下去，卻沒注意到仍在悶燒的地方。他們在二〇〇〇年的一篇論文指出，總是處於危機的組織忽略了長期重要的東西。他們之所以創造出這種文化，部分原因是讓員工負荷過重，以及獎勵救火、而不是預防火災。

在醫院與基層醫療診間，開立處方的醫護人員往往不必承擔決定的後果。他們可能不會看到病人後來的情況。比起假設病人得到感染，或者長期之後可能在全球出現的超級細菌，眼前的因素更加重要。這種情況不只發生在抗生素，醫師與牙醫反射性開出止痛藥也是如此。這造成美國鴉片類藥物成癮危機，死亡率正不斷升高。

雖然醫師一次只看診一名病人，過度開立藥物的嚴重危險卻遍及所有人。這種做法其實無濟於事。醫師開藥的決定取決於當下的壓力和參與互動的人們，可是超級細菌的後果卻由大家承擔，不論是醫院、社區或社會。與病人的迅速交流導致醫師的短視，而顧及全體的遠見卻受到漠視，甚至被懲罰，即便只是一名肺炎病人受到影響而已。老派經濟學家稱個人動機與共同利益相互矛盾的情況為「公地悲劇」（我將在第五章詳談這種兩難情境）。組織必須設法協調個人決策與共同利益。

一九九〇年代初期，柯斯葛洛夫還是休士頓貝勒醫學院（Baylor College of Medicine）的學生，班陶布醫院（Ben Taub Hospital）加護病房爆發抗藥性鮑氏不動桿菌（俗稱ＡＢ菌）感染。班陶布是休士頓三家郡立醫院當中規模最大者，也是貝勒醫學院的教學醫院，意思是醫師是該醫學院的教授，學生則在病房實習。

醫院員工將感染超級細菌的病人隔離，希望阻斷爆發，並實施鼓勵醫護人員勤洗手的運動。但是，感染仍不斷蔓延。一些病人因為在醫院裡感染到這種細菌而命在旦夕。

醫院管理者決定實施新規定。想要開立清單上六種抗生素的醫師，首先必須打電話獲得傳染病專家的許可。這些專家一天二十四小時待命，評估病例是否需要抗生素，醫院藥局才能給藥。

研究人員追蹤這種規定有沒有什麼陷阱？病人會不會因為延遲給藥而死亡？病人會不會無法得到他們需要的抗生素？

研究人員發現，在事前許可下，醫院的抗生素使用與抗藥性都減少了。醫院的細菌感染疑似由那六種限制使用的抗生素所引起。被AB菌感染的病人存活比率升高了。同時，醫院所有患者的存活率則維持不變。這表示，新規定並沒有讓病人無法得到他們需要的藥，確實需要抗生素的病人仍可在二十四小時內得到。由於這項規定降低開立處方的比例，亦節省了病人和保險公司花在抗生素的費用。

美國其他地方，要求醫師取得許可才能開抗生素的教學醫院亦得到相同結果。此項措施降低了費用，亦擊退超級細菌。簡言之，就是醫院管理者建立起一道緩衝，讓醫師不要屈服於立即開藥給病人的衝動。診斷與開藥的時間被隔開，而且有關心病人長期健康與顧及醫院及社區的第三方介入。在某些案例，事前許可爭取到細菌培養的時間，以決定病人是否感染到對特定抗生素具抗藥性的細菌，或者是適合以其他方式治療的病毒。

不過，這種做法有一個重大缺陷：醫師們不開心。很多人覺得自己受到管制，有人則懷疑院方只是想要省錢，不關心病人死活。一些醫師參與所謂「祕密開藥」的行動，他們開立更多不在限制清單上的抗生素，或者等到晚上專家下班回家後再開藥。「醫師們很反感，」

柯斯葛洛夫表示，「他們說『別來煩我！你憑什麼指示我該如何治療病人？』」

在約翰霍普金斯醫院，柯斯葛洛夫實施一項改善事前許可的計畫。她與七名傳染病專家團隊合作，她們都是由她訓練指導的醫師與藥劑師，每個都很聰明。該支團隊密切觀察不同藥物與費用的研究，決定哪些藥物可由醫院藥局開出，哪些則需要特別申請，而會延後數日取得。

柯斯葛洛夫的核心團隊另外訓練了一支三十人專家小組，包括藥劑師、傳染病研究員和醫師，他們和醫院裡申請限制性抗生素的醫師洽談。這些人員不只是跟醫師說哪些事不能做，也會指導他們的決定。在這個過程當中，他們拖延了一點時間，好讓醫師們做更多思考和資料搜集。有一天下午，我跟隨柯斯葛洛夫和她的同事訪問醫院的加護病房。他們和醫師與助理們融洽地談話，問一些不是責難性的問題。他們幫忙醫師思考病人的疑難雜症，以及何時該減少抗生素的劑量。

我覺得柯斯葛洛夫的團隊好像是被神話裡的奧德賽請求把他綁在船桅的水手。他們把耳朵塞起來，才不會被海妖賽倫的歌聲迷惑而發生船難。雖然奧德賽被歌聲誘惑，水手仍拒絕將他鬆綁。團體組織往往需要像這些水手及約翰霍普金斯團隊這類的專責小組，來預防決策不周全，把那些容易屈服於眼前壓力的人束縛起來。在約翰霍普金斯，這項計畫並不是一直完美運作，醫師有時抗拒他們的決定遭到質問，或是被告知不能開立某種藥物時而生氣。不過，約翰霍普金斯比其他醫院更能預防不必要的開藥，許多醫師甚至開始為自己的紀錄感到驕傲。

大部分的抗生素是開給在醫師診間有咳嗽和感冒症狀的人，而不是住院病患。雖然醫院是對抗病房超級細菌的前線，卻沒有直接影響到促使細菌興起的大多數不良開藥行徑。

但出了醫院，約翰霍普金斯這套辦法就行不通了。一般的醫師診所並沒有傳染病專家，也沒有資源聘請顧問小組。

過去幾十年來，限制醫師診間開立抗生素的各種努力幾乎都不成功。這些努力包括教導醫師有關超級細菌的風險，針對良好的開藥行為給予財務獎勵，以及在電子健康系統彈出警告，提醒他們過度開立抗生素的後果。這些措施係基於錯誤的假設，亦即醫師需要更多有關未來風險的資訊，或是提供更多獎金，好讓他們做出正確決定，卻沒有顧慮到對於未來做出良好判斷所需要的遠見。

但是，近年來有一種新方法似乎可以阻止醫師診間的不良開藥習慣。

南加州大學研究人員丹妮艾拉・米克（Daniella Meeker）找到三種技巧可以減少醫師診間的不良開藥習慣。米克在二〇一一年對洛杉磯和波士頓四十七個基層醫療單位展開調查。在一年半的期間，她追蹤將近一萬七千次抗生素並不是合適藥物的求診，因為病人既沒有流感，也沒有其他病毒感染。她採取不同的干預措施，並測試其結果。二〇一四年，她對五個基層醫療單位進行另一次調查，嘗試另一種干預方式。

米克的調查所使用的第一項技巧是：每當有醫師開立抗生素時，她便會收到電子健康系統的通知，接著她會輸入藥方，要求說明開藥的理由。醫護人員可以選擇不說明，但是這樣的話，他們就會被告知，病人的永久病歷將記錄著「不提供理由」。（如果醫師決定不開抗生素了，這套系統也會讓他們取消。）電腦上的通知成為一道衝動的緩衝，但不會剝奪醫師決定開藥的自治權。它同時利用他們的專業形象與可能丟臉作為情感障礙：擔心病人病歷上的記載可能讓病人與醫師同僚發現他們的決定是錯的。它就像是約翰霍普金斯醫院管理團隊的電子版——勸告醫師，在關鍵時刻將他們綁在船桅上。

第二項技巧是每個月寄電子郵件給醫師，告訴他們在正確條件下開立抗生素的表現排名。就像是為了顯示社會規範的成績單，這些電郵讓醫師可在私下看到他們與表現優異的同僚的排名比較。這不是有關未來風險的抽象資訊，而是確切的資料，專門提供給做出決策，卻跟其他成績更好的人反其道而行的人。一些公營事業公司也使用類似的方法，每個月寄報告給用戶家庭，比較他們跟更有效率的鄰居的能源使用。這種技巧減少了他們的用電量。跟飯店客人說，大家都重複使用毛巾，也有相似的效果。研究顯示，組織可以使用簡單技巧，讓人們覺得他們是具有遠見的文化團體成員之一。這讓我想到被鼓勵等待第二顆棉花糖的同儕團體裡的小孩。

米克和她的同事發現，比起提供醫師管理抗生素的資訊或者只是觀察他們的行動，這兩種干預方式更有效果。這兩種技巧發揮更大的影響，勝過在螢幕上彈出窗口給醫師建議選項。真正產生效果的是設定新文化規範及緩和他們的衝動，而不只是資訊。

米克發現有效的第三項技巧是要求醫師在他們的看診室內張貼海報。在二〇一四年的調查，米克使用的是英語及西班牙語的海報，上頭有醫師們的照片與簽名，承諾只有在必要時，並且跟病人說明服用抗生素的風險後，才開立處方。經過三個月，有掛海報的醫師減少了不良的開藥決定。這項技巧令我覺得有趣的是，醫師跟病人溝通，不只塑造自己的專業文化，還有醫病交流以克服當下社會壓力的文化。研究顯示，公開承諾要捐贈、投票或做回收的人做得更為徹底，勝過只是私下有這種打算的人。

二〇一四年，英國政府展開一項採取成績單技巧的全國實驗，寄信給數千名在他們地區以人均計算開立最多抗生素的醫師。這封由英國各界名人聯署的信告訴醫師，他們開立的抗生素多於當地八成醫師，並建議他們不要衝動地開立處方箋，方法包括建議病人在生病時如何自我照顧。英國政府的行為省思團隊研究人員發現，這些信促使抗生素開藥的比例大幅下降，在那六個月期間，開給病人的抗生素估計減少了七萬顆。這些信沒什麼成本，卻為全國醫療體系節省龐大的醫藥費用，並且維護了公共衛生。

在那之後，加州也嘗試類似的方法來預防不恰當的鴉片類藥物處方，州政府成立一個註冊處，登錄開立此類藥物的醫師以及要求開藥的病人。二〇一六年，加州醫藥署要求所有醫師記錄他們開立鴉片類止痛藥的時間與理由。醫師可以看到某位病人是否四處收購鴉片類藥物，醫藥署與執法調查員可以揪出亂開藥的醫師。等到二〇一八年，其他州紛紛仿效加州，成立鴉片類藥物的數位註冊處，儘管有些州對取得這些資料有更為嚴格的限制。

有些州的藥物資料庫可讓警方取得病人資料。這種做法引發隱私權的憂慮，尤其是美國司法體系將藥物成癮列為犯法。本書寫作時，聯邦法院已裁定醫療與執法人員在沒有搜查令之下取得處方資料庫並不違憲。我認為，追蹤醫師的開藥習慣是個好主意，因為他們是為公眾服務的專業人士。可是，病人資料應該保持不公開。

如果不是禁止某種行為或者訴諸理性，而是有更多組織營造環境鼓勵人們發揮遠見，那會怎樣呢？事實上，至少早在十八世紀就有思想家在思考這種前景。

舉例來說，班傑明．富蘭克林（Benjamin Franklin）自認是品德仲裁者，鼓吹各種影響人類行為的觀念。身為美國開國元老及當代最著名的美國發明者，他關心未來。一七九〇年逝世時，他捐贈兩千英鎊的信託基金，相當於今日的十萬美元，給費城和波士頓以及賓州與麻州。他指定一部分的基金在他死後一百年使用，其餘的在又一百年後使用。等到兩百年過後，他的捐贈已增值到六百五十萬美元，這兩個城市與兩個州已開始將這筆錢用於公共目的。費城提供助學金給學習技藝的高中生，波士頓設立一所理工學院。富蘭克林親身實踐了「時間就是金錢」這句話。

富蘭克林對商業交易採取長遠眼光，不去計較小問題，以維持關係及未來合作的機會。例如，在他當上費城的郵局局長之後，他決定不去報復對手報社的老闆，那位老闆以前在做郵局局長時拒絕寄送富蘭克林的報紙。

富蘭克林不會莽撞行事，除了很少數的幾次。有一次他把好發議論、博學多聞的童年好友約翰．柯林斯（John Collins）——富蘭克林說他是個酒鬼——推到德拉瓦河裡，因為輪到柯林斯划船時，他卻不肯划槳。

富蘭克林一輩子都在追求道德完美，已接近極為惱人的程度，至少對我們這些絲毫不完美的人而言。在他的自傳中，富蘭克林對已經疏遠的兒子與後代子孫頌揚十三種美德，包括節制、真誠與謙遜，並且記錄了他如何採取行動，好讓自己把每一項美德都養成習慣。他相信一個人的公共形象與社會規範可成為塑造行為的動力。舉例來說，他坦承自己並不謙虛，但明白假裝這種形象可以博得他人的仰慕。有違自己的天性，他在與人談話時，若不同意對方，便極力忍耐，首先指出對方的觀點可被視為正確的例子。最後，這種行為變成了習慣。富蘭克林歸結指出，他在公共議會的影響力不在於他能言善道，而在於這種公認的謙遜。他認為，公眾人物的形象最終讓他真的成為那種人。富蘭克林的想法反映出為何看診室海報及成績單可以阻止醫師在開藥時做出短視的決定。他們也是受到公眾形象與社會規範的推動。

富蘭克林出任美國駐巴黎代表時，他對一些美德變得有些鬆懈，他養成了巴黎人晚睡晚起的習慣。他在一七八四年寫給《巴黎日報》（*Journal of Paris*）主編一封諷刺的信，說他估算如果所有巴黎人天黑即睡、日出即醒的話，六個月便可節省六千四百萬磅的蠟燭。（他稱頌的十三項美德，其中之一便是儉省。）

雖然富蘭克林誇大了法國人的懶惰，他的節儉與發明精神促使他提出一項計畫，規勸人們依照日光生活。他最為熱切的建議是在環境中營造一個提示，勸誘人們遵守日光時間。「每天早晨，太陽升起時，所有教堂便響起鐘聲；假如這還不夠用呢？所有街道點燃大炮，叫醒賴床的人，強迫他們睜開眼睛，看到真正對他們有利的事物。」

在富蘭克林死了很久之後，直到一次大戰，日光節約時間才成為歐洲與美國的正式做法。這個做法的目的是要節省夏季用電，讓我們在晚上多一個小時的日光。但在一百多年前，富蘭克林便預見到改變人們對時間的觀感，好讓他們做出對自己有利的決策。將時鐘撥快一小時來改變時間，或者是用宏亮的教堂鐘聲喚醒人們，目的是要提示人們為了長遠而節省能源及資源。

有一段很長的時間，日光節約時間對都市家庭與企業來說是一項福音，因為多出來的夜晚日光時間而節省了金錢與能源。然而，原先實施日光節約時間的目的因為現代習慣而變得不足取。現在，人們醒著時、太陽高照時都開著空調，上班前摸黑的清晨時刻便開燈，沒有因為日光節約時間而節省多少電力或金錢。而且現在許多父母覺得一年兩次重新設定時鐘，調整小孩的就寢時間，讓人無法忍受。

無論現今對於撥快時鐘的看法如何，改變環境以影響行為仍是一項有力的概念，是設計文化的一種方式，而富蘭克林自任為建築師。

富蘭克林死後整整一世紀，在一戰爆發前，出現了另外一位思想家，他投注更多時間去測試藉由設計來鼓勵遠見的方法。她是義大利第一位取得醫學學位的女性，當時女性還不准單獨走在戶外。一八九〇年代，還是羅馬大學醫學學生的瑪莉亞・蒙特梭利（Maria Montessori）在天黑以後獨自解剖屍體，因為女性處在赤裸的死屍及男同學之間，被認為是不體面。她養成抽雪茄的習慣，以遮掩屍體的臭味。有一名教授記得她是在一場歷史性暴風雪中唯一出現在課堂上的學生。

蒙特梭利早年在羅馬精神科診所擔任醫師，讓她接觸到精神病院，被視為心理有病或遲緩的兒童在光禿禿的房間裡凋敝。她成為兒童疾病專家，被找去羅馬聖羅倫佐區的貧民窟，那裡的貧困兒童在沒有玩具、書本或教師的情況下過日子。藉由研究與觀察被稱為不正常的孩童，蒙特梭利相信，如果設計環境讓他們可在某些限制下自行做出決定，大部分孩童都會過得很好。這個想法在當時被視為激進，大家普遍認為孩童的智力是遺傳的，無法改變。

二十世紀初葉，在她醫學生涯早期，有一天蒙特梭利注意到一個營養不良的三歲女童的專注力。她看著這個小孩玩著積木玩具，沒有因為周遭唱歌跳舞的孩子而分心，而一直摸索著積木塊。為了測試她的專心與決心，蒙特梭利連人帶椅把小女孩搬到一張桌子上，可是她不斷重複完成積木，蒙特梭利數了總共四十二遍。等到她終於停了下來，蒙特梭利覺得這個女孩彷彿走出夢境，充滿活力，絲毫沒有因為重複的動作而感到疲累。

蒙特梭利觀察到，大部分學校把學生固定住，像「被標本針釘住的蝴蝶」，用獎賞與懲罰來推動學生，而不是學生自己的利益。一九九〇年代初期，蒙特梭利離開醫學界，開始打造她的教育理念。它的重點是「準備好的環境」，指的是教室可讓孩童自由探索，指導他們做出決定，幫助他們學習及培養工作倫理。一九一三年她去到美國，紐約新聞標題宣傳她是歐洲最有趣的女人，改革了教育，做到當時無法想像的事，教導精神疾病與殘障人士閱讀及寫作。最後，她把這種方法運用到所謂正常小孩，並推廣學校教育應該由三歲開始，以及教室設計應該吸引孩童天生好奇心的觀念。

我以前對蒙特梭利式學生的刻板印象是一個不受拘束的小孩漫無目的在校園裡亂逛。可是在二〇〇六年，我遇到數名蒙特梭利學生。我注意到他們的耐性和專注，以及他們如何投入手邊的任務。後來我才知道谷歌的謝爾蓋・布林（Sergey Brin）和賴利・佩吉（Larry Page），以及亞馬遜的貝佐斯，這些前瞻性公司創辦人都讀過蒙特梭利式學校。當然，這可能只是巧合，但我開始猜想蒙特梭利教育是否有什麼訣竅可以教導人們延後滿足及長時間堅持，而這些正是發明突破性技術或是創立一家成功企業所需要的態度。

麻省理工學院領袖中心執行理事海爾・葛瑞格森（Hal Gregersen）以實際研究證實了我的猜想。他訪談了五百名卓然有成的企業家與發明家，其中三分之一將自己的創新能力歸功於蒙特梭利教師，或是葛瑞格森視為蒙特梭利式學校教師的支持。

蒙特梭利式環境的獨特設計顯然很重要。大部分傳統教室都是讓同一種物品的數量和學生一樣多，以避免發生衝突，並且讓大家在教師督導下做同一件事。相反地，現代蒙特梭利教室，尤其是三歲到六歲兒童的教室，一種物品只有一件。在任何時候，只能有一個小朋友玩算盤或積木塔。藉由限制物品數量，蒙特梭利教室培養延後滿足的環境與習慣：小朋友無法想玩什麼就立刻可以玩到，不過總會玩到的。教師們鼓勵渴望某項物品的小孩設立計畫，接下來他們要做些什麼以及當天稍後或隔天再回來玩那樣物品。擬定計畫讓他們可在當下發揮耐心。類似於橋牌玩家與高中教師運用的「如果／就」方法。

蒙特梭利教室裡的教師很少說不，相反地，若是小朋友想從別人手中搶走積木或者把手指頭伸進插座裡，他們會問小朋友想不想做別的事。如果同時有兩個以上的孩子想要同一件物品，教師會溫柔地導引其中一個小孩去做別的事。教室裡無可避免地發生衝突時，他們會到「和平」桌或角落進行仲裁，小朋友在發言時握著像是石頭的東西，輪到自己聆聽時就把東西交給其他孩子。這項工具營造緩慢的節奏來調節對話，以免爆發爭吵。想要教師注意的孩子必須輕輕用手碰觸教師手臂，這種肢體接觸有助於克服立即的衝動，建立耐性。

「蒙特梭利教師是重新導向的大師」，麻州蒙特梭利學校董事會主席瑪莎・托倫斯（Martha Torrence）向我表示。托倫斯也是蒙特梭利高峰會（Summit Montessori）主席，這是麻州佛雷明罕一個私立學校社區，將近一百名孩童住在維多利亞式山形牆宅邸，這棟建築在蒙特梭利出生前四年便已興建。這種粉黃、藍綠及紫紅色的房子，像是故事書裡的薑餅屋，而不像學校。在大廳裡可以聽見孩子們的聲音與腳步聲，但不是我想像孩子自己做決定的學校會有的一團混亂，也不像我在俄亥俄州讀的公立學校。那是一個精英國度，但或許有些東西值得廣泛推行。

我觀察蒙特梭利教室的老師把看著別人手中物品的小孩引開，不禁回想起十五年前我住在古巴的時候，當時我還是哈瓦那大學的學生。我對公車站的情況印象深刻，人們往往要等上兩小時才會等到一輛擠得滿滿、噴著柴油煙的藍白色公車。哈瓦那城裡的大眾運輸工具很不可靠，古巴人便發展出一套系統，因應在衰頹經濟下，不論大眾運輸、食品配給、電影或冰淇淋，總要大排長龍的情況。

起先，我看不出大家到底在等什麼。人們聚集在公車站，沒有明顯的秩序，而是三三兩兩，或者聊天，或者在杏仁樹蔭下看報紙，或者跟路過的小販買三角紙袋裝的花生米。我不久便了解這套系統，當你走到公車站，你要問別人：「誰是最後一個？」有人會舉起一根指頭說，是我。然後大家又恢復聊天或打瞌睡，直到公車來了，此時所有人會排成井然有序的隊伍，不推擠不爭執，因為每個人都知道要排在誰的後面。

古巴人設計的這套排隊系統，美妙之處在於讓人們不專注在等公車的迫切感，或者在炎熱午後想吃冰淇淋的渴望。他們不用排成一行，全心全意等候想要的目標，而是在等車時想做什麼就做什麼，可以四處蹓躂。不過他們是有計畫的，就像蒙特梭利學生，知道自己在隊伍裡的位置。藉由社群共識，他們設計一個環境，讓無可避免及無法控制的延後滿足變得可以忍受。這是一種共同的儀式，目的是將大家由衝動的時刻重新導向。

麻省理工學院的資料系統教授理查．拉森（Richard Larson）在他的研究證實，在銀行或雜貨店排隊的人們，如果可以分心或者知道自己要等多久，就會更有耐心。聰明的公司便利用這點。例如，迪士尼世界利用色彩繽紛的壁畫、巨型動物電動玩具和明確溝通預估等候時間，讓大排長龍的遊客們開心。這種環境讓人們願意等候想要的東西，跟賭場一長排的吃角子機器的設計正好相反。

開立抗生素的醫師被要求說明自己的決定，或是收到信件被告知自己與同儕的比較之後，他們便是得到提示，要去考慮未來的後果，親身感受到群眾危險的負擔。按照富蘭克林的看法，「成績單」信與看診室海報都是利用社會規範及公眾形象來驅動人們的行為。彈出式詢問，類似蒙特梭利教室，重新導引注意力，在容易衝動的時刻製造拖延。這些預防超級細菌的方法是受到行為經濟學的影響，這個成長中的學術領域提供了研究基礎，來推廣富蘭克林與蒙特梭利依據他們的直覺及敏銳觀察而倡導的觀念。

經濟學家理查・塞勒（Richard Thaler）與凱斯・桑思汀（Cass Sunstein）稱這種環境提示為「推力」（nudge）。推力製造者精心設計有關一項選擇的架構，限制選項，將心理傾向推往某些決定，惟仍留給人們選擇的自由。例如，一些職場將員工提撥薪水到退休帳戶列為預設選項，以鼓勵退休儲蓄，人們只能選擇不參加，而不是選擇參加。這類計畫在員工薪水調漲時，自動調高他們的提撥金額，員工便不會覺得自己的薪水變少了。根據塞勒及桑思汀的說法，這種「選擇架構」（choice architecture）已證明可以大幅提高儲蓄率。

我將這類技巧視為一種微妙的操弄。組織可以利用它們來提示人們為了自己的好處去考慮未來，也可以利用它們作為較為無害的目的，例如在人們等候不該讓人等上兩小時的公車時安撫他們。以前曾擔任谷歌「設計倫理學家」的崔斯頓．哈理斯（Tristan Harris）寫過現代科技公司如何用這種方式來操弄我們。在某些案例，他們限制我們的選擇清單，例如Yelp網站登錄的餐廳（而不是鄰近地區的所有餐廳）。零售商和廣告商時常要求我們必須退出他們的電郵轟炸服務，而不是選擇加入。我們時常選擇預設選項，由既有的選項之中做出決定，而不是全部可能的選項。

然而，如果團體組織能夠坦白說明他們設計某種選擇架構的理由，便可以更符合倫理地執行這些計畫。米克與英國政府已證明他們可以締造成功。在二〇〇〇年代初期，德國一家電力公司EnergieDienst在黑森林地區實施一項類似的計畫。在數個社區，該公司提供太陽能與風力等再生能源作為預設選項，即使它們比傳統電力更為昂貴。二〇〇八年的一項調查顯示，九〇%居民選擇綠能，即便他們在短期支付更高的電費。將綠能列為預設選項，使居民更難選擇廉價的選項，亦暗示著選擇清淨能源才符合社會規範，長期對社區（以及對公司）而言才是更好。

柯斯葛洛夫與米克的研究證明，設立專責小組或是利用技術的協助，組織團體可以干擾衝動式決策，及藉由調整社會規範來鼓勵前瞻性思考。

組織團體也可以設計環境，盡可能減少壓力及時間限制來預防思考不周。穆蘭納珊和夏菲爾主張利用匱乏，他們提出的案例是一家密蘇里州的醫院讓一間開刀房永遠保持開放時間表，以進行緊急手術。意外的是，醫師們反而做了更多手術，因為他們不必因為意外加班、必須調整預先安排的手術以進行緊急手術而疲累過勞。伯恩及賈庫瑪主張利用「臨時問題解決者」，當一個組織出現過多危機時，他們可以承接部分工作，減少每日累積的問題數量，無論是製造工廠的工程問題或是醫院裡等候看診的病人。他們亦建議獎勵那些管理長期問題的經理人，而不是回應危機的人，盡量營造一些可以錯過最後期限的餘地。

近年來，柯斯葛洛夫和約翰霍普金斯醫院團隊開始研究決定開藥後的情況，不是決定開藥前的情況。他們追蹤被視為「細菌與藥物不匹配」的服用抗生素患者，這些病患是被開立抗生素，但細菌培養證明不需要的人，或是先前需要抗生素，卻沒有被開藥的人。他們訪問醫院醫生，進行事後檢討，告知他們病患的癒後情況。利用這項技巧，他們用醫師親自治療過的病人故事來教育醫師，而不是泛泛地說明開立抗生素的原則。他們將抽象、日後的結果變成具體、眼前的情況。

柯斯葛洛夫的研究團隊新近在一項針對一萬五千名病患的調查證實，這種事後檢討及回溯過往事件的方法對於不當開藥的效果更為持久，勝過藉由事前核准來限制取得。唯一的缺點是它耗費許多時間及大量文書工作，即便是設有抗生素管理小組的醫院也沒有資源一年到頭在整個醫院實施這種方法。

跟隨柯斯葛洛夫的團隊在院內訪談時，我注意到事後檢討的方法並沒有限制醫師的選擇，或者在脆弱時刻導引或責怪醫師。他們利用真實故事來凸顯未來的後果，及重塑醫院的文化規範。

組織與企業可以利用這個方法導引人們面對未來，亦即調查與溝通他們的決定在日後產生的結果。敘述以前決定後來怎麼了的故事，讓人們更能夠想像未來，扮演現今道路與未來道路之間的橋梁。

第五章
眼光放長遠
——長期重要的事項

如果我們不按照古老法則過完短暫人生，那就實在太遺憾了。

——亨利・大衛・梭羅（Henry David Thoreau），《寫給哈里森・布萊克的信》（*Letters to Harrison Blake*）

童年時，每一年父母都會在衣櫃門板上標記我的身高。我因此有一種進步的滿足感：我越長越高了。看著一個重要數據穩定上升，對群體而言，同樣令人感到欣慰。正因為如此，企業與組織才會記錄受訓員工的人數、提供的餐食、賺取的獲利、通過的考試，以及受到懲戒的犯罪者。這些措施似乎是評判一項計畫或一個人進步的簡單、客觀方法，你只需要知道選定的數據是在上升或下降就好了。慈善團體、投資公司、非營利事業、政府機關，當然，還有公司行號，均倚重這類指標來做出決策。

然而，達成數據目標跟達成實際目標是兩回事。成千上萬人或許受訓成為農民或工程師，但可能只有一些人持續從事他們的新工作。我們或許在社區裡提供成千上百份餐食，卻無法解決人們挨餓的原因。一家公司在邁向崩潰之際也能夠賺錢。學生們可以考試及格，卻沒學到對人生真正有用的東西。城市的犯罪與暴力猖獗，坐牢的人越來越多。

二〇一〇年印度微型貸款危機爆發前夕，不是只有馬哈揚等個人被短視近利的指標給矇蔽。企業與投資公司動員起來，努力達成數據目標，包括提高特定地區的貸款金額。微型貸款企業向投資者報告他們的高貸款償還率和貸款資產組合擴增。在危機時期，許多微型貸款業者倒閉，其他業者則債台高築，因為他們未能察覺到這個產業正要掀起的一場災難。

我們在檢視這類事件時，可能會遽下結論認為，團體組織不應再依賴數值目標。可是，沒有這些目標，事情可能變得更糟。政府機構可能依據盲目的信任和無限的耐心去評估產品或援助計畫是否發揮作用，而不是合理的判斷。企業或許拿長期思考作為藉口，為他們的平庸或失敗辯護。領導人或許忽略中期措施所顯露的未來災難信號。這將構成未能充分衡量的危險。

在理想的世界，企業應該思考未來，而不只是為了眼前必須創造業績。指標可讓團體組織的人看到自己有所進展，在事情出錯時修正路線，將長期計畫切割成較小的步驟。你需要長期檢視資料點，而不只是用快照形式，才能看出市場成長、氣溫不斷升高或者投資組合虧損等趨勢。

那麼，企業組織如何在合適的時間選擇合適的指標，並且避開短視的指標呢？

羅夫奧與貝絲．柯瑞（Ravenel and Beth Curry）懷著忐忑不安的心情搭上飛往奧瑞岡的飛機。當時是一九九八年，股市因為新創科技公司而一片火熱。網際網路改變了一切，或者說看起來如此，華爾街投資者以驚人的本益比買進所謂的「達康」（dot-com）公司，像是線上時裝商店、寵物用品商店、運動新聞網站，而這些公司根本尚未證明他們的成功可以持久。這種高價具有傳染性，蔓延到整個股市，而且不斷上漲了一年以上。科技股成為投機者快速獲利的來源，他們趁著機會不斷交易股票以賺取更多利潤。

柯瑞夫婦不但沒有從中獲利，反而他們在養大三個小孩後所創立的投資公司，似乎已經搖搖欲墜。他們的客戶，包括富裕家庭、年金基金和大學校產基金，都要求開會，想把他們的資金撤出。柯瑞夫婦招募不到新資金。數年後我們在紐約市會晤時，羅夫奧這麼跟我說：「沒有人要給我們資金。」

羅夫奧其實不能責怪那些人。他的基金已經連續四年沒有達成用以招徠近期投資人的基本指標。該支基金表現落後標普五百指數，投資者獲得的回報還不如直接去投資追蹤大盤指數的被動型基金。神智清醒的人大多數認為沒必要支付昂貴費用給基金經理人，除非他們獲得的報酬優於指數型基金。而一九九八年眼看即將成為柯瑞夫婦最糟糕的一年。

他們在十年前創立自己的基金公司，老鷹資本管理公司（Eagle Capital Management）。

羅夫奧．柯瑞在南卡羅萊納州一個小鎮出生及長大，大半職業生涯都在為別人工作，包括金融公司摩根（J.P. Morgan）和 H.C. Wainwright，後來則管理杜克大學校產基金。他覺得，在短暫回合內交易公司股票並不怎麼有趣。隨著對沖基金如雨後春筍般出現，越來越多交易員進入股市，採用越來越精密的演算法改進交易，想要有突出表現也很困難。

「你很難藉由預測季度獲利來取得競爭優勢，因為你很難打敗成千上萬交易員，」羅夫奧說著，靠在曼哈頓中城辦公室的扶手椅椅背上，「況且，那乏味得要命。」

在幾乎人人都是交易員的世界裡，他想要當個違抗市場共識的投資者。他想要買進一支股票並長期持有，直到該公司實現開創新市場或發明新產品的長期目標。羅夫奧認為，為別人工作的話，他便無法輕易實踐這種理念，他必須自行創業。他的妻子貝絲最初是家庭主婦，在家帶孩子，後來從事金融業，現在和他一同創業。

公司草創之初，柯瑞夫婦並不介意流失與他們投資理念及風格不同的客戶。他們有一名客戶以前是中西部一家連鎖藥局的老闆，後來把藥局賣給一個全國品牌，然後把一大筆錢交給老鷹資本管理。羅夫奧跟那個人說，他們是依據一家公司未來五年到七年的潛在成長，謹慎評估之後才進行投資，而不會跟隨股市雜音起舞。

柯瑞夫婦開始管理那位藥局大亨的資金才兩週，那個人便打電話來問說投資得怎麼樣。羅夫奧回答，時間還太短，看不出來。

那個人每兩週便打電話來詢問他的投資成果。有時候，他會在看過當週某支個股的表現之後，打電話表達他的擔憂。每次他聽到的回答都一樣：時間還太短，看不出來。

羅夫奧明白，這個人之前是藥局老闆，養成了每兩週檢查進度的習慣。藥局設在日用品店面的後方，為的是讓人們去領處方箋藥物時經過貨架，順便買些東西。藥房經理每兩週會審視貨架，看看庫存的情況。在他們的行業，每個月兩次盤點，不僅是銷售狀況的指標，也可看出生意好不好。「他無法適應以長期觀點來評量進度，因此，沒多久我就告訴他可以去找別家公司用那種方式管理他的資金，他便離開了。」羅夫奧不在意地聳聳肩。

到了一九九〇年代後期，市場氛圍已大不相同。失去一名客戶很可能敲響投資公司的喪鐘。他們很難評估拒絕加入網路盛況這項決定的後果。對柯瑞夫婦和他們的基金來說，那是艱困的一年。先前相信他們投資策略的人們，看到朋友投機炒作、每日或每週交易高價股票而撈了不少錢。他們把資金轉移到別處時，總會說科技已改變了市場的一切，而老鷹資本卻沒有搭上這班車。眼看那麼多人賺了那麼多錢，很難不心動而想趕搭這班車，不只是老鷹資本的客戶們，柯瑞夫婦也一樣。他們想著要不要改弦易轍來取悅客戶。

羅夫奧擔心即將會晤的大學校產基金客戶將帶來更多壞消息。在飛機上，他回想起自己創業的初衷。他不認同以市場主流在一段時間認定的高價買進股票，而主張買進具有長期成長前景、遭到市場低估的公司。他認為，當時大多數科技股都是愚蠢的押注，而且股市漲過頭了。但是，如同他的客戶，看到每個人都因為科技股致富，令他益發感到不安。

彼得・羅斯柴爾德（Peter Rothschild）當時負責管理奧瑞岡大學基金會的投資，主持校產基金委員會。該基金會於一九九〇年代將數百萬美元交給老鷹資本管理。羅斯柴爾德欣賞它是一家小型投資公司，因為他認為作為一名客戶，該大學將會得到更多的注意。他亦認同依據價值而投資公司股票的理念，不只是因為股價在股市狂熱當中上漲。這種投資策略在一九九〇年代初期績效良好，老鷹資本締造可觀回報。如今，同樣的策略卻造成擔憂。

羅斯柴爾德請柯瑞夫婦搭機過來跟他會面。等他們到場時，他指出該公司的績效嚴重落後。「你們不想點辦法嗎？」他問說。

當下，羅夫奧想說他又要失去一名客戶了。這將構成重大打擊。然而，他決定克服恐懼，破釜沉舟。他說，他不認為股市泡沫將持續下去。股市泡沫對於他們管理該大學資金或者其他人的資金將不會有任何改變。

令柯瑞夫婦訝異的是，羅斯柴爾德宣布該大學校產基金將把更多資金交給他們管理。羅夫奧在接受我的電話採訪時指出，羅斯柴爾德請他們過去不是為了指責基金績效，而是想要判斷柯瑞夫婦在股市瘋狂之中是否仍保持冷靜。

在十八個月之間，股市便崩盤了。原先獲得注資數億美元的一些網路公司蒸發消失，其他公司股價墜崖式下挫。老鷹資本在一九九九年及二〇〇〇年股市崩跌時一路長紅。那兩年間的增值遠遠彌補先前五年的虧損。目前，該公司管理的資產超過二百五十億美元，一九九八年至二〇一八年間投資年化報酬率平均達一三％以上。這相當於那段期間標普五百指數年化報酬率的一倍以上。前瞻看法創造了美好未來。

人們總想打敗指標。利用數值目標來驅動表現的組織必然會發現他們的目標被打折扣。這是古德哈特定律（Goodhart's law）的結論。查爾斯．古德哈特（Charles Goodhart）於一九七五年提出這項定律，這位經濟學家自一九七〇年代直到二十一世紀初葉，擔任英格蘭銀行（英國央行）貨幣政策顧問。

在實務上，這項定律的意義是，當一個組織要求人們達成一項指標，並在達標時給予獎勵，人們便會犧牲其他重要進展，甚或作弊，以求達成目標。十九世紀時，歐洲古生物學者根據中國農民挖出的恐龍化石碎片按件計酬，農民於是把化石砸成碎片以增加自己的報酬。這種做法有點類似當日沖銷（day trading）。

二〇〇一年後，美國公立學校採用學生標準化考試分數作為評量學校進度與教師績效的主要指標。但是，許多個案的數值指標削弱了真正的教育目標：學生學習。哈佛教育研究所的大衛．戴明（David Deming）在他對所謂「德州奇蹟」（Texas Miracle）的學校進行的研究證明了這點，這些學校成為二〇〇一年通過的「不讓任何孩子落後法案」（No Child Left Behind Act）藍圖。該法案要求各州為小學三年級到八年級以及中學一年級制定標準化考試。各州的考試各不相同，但都是用來評量學校在學生成就方面是否每年都有進步。學校與學區則是利用考試分數來評量教師。

戴明比較在德州學校被考試分數指標評估的學生，與沒有用這項指標來評估的學生（在試驗階段）的長期成就，發現一些學校可能為了拉抬整體考試分數而阻攔或淘汰成績不好的學生。因此，這些德州學校的學生整體而言，在大學畢業率及收入方面遠不如「未考試」的同學。這種情況往往發生在已高於平均水準，卻想爭取優等的學校，他們不想在爭取高分時落敗。此外，考試對於表現落後的學校似乎也很管用。就像對沖基金投資者一樣，這兩類學校的行動似乎是為了避免損失，卻給學生的人生造成迥然不同的結果。其他報導已證實「為考試而教課」明顯抑制學生的好奇心，甚至導致一些教師與校長作弊，竄改學生的答案。這種指標或許適合末段班的組織，但不適合前段班。我們看了長期研究才明白這點，可是考試分數指標老早已蔚為主流。

短視近利目標成為強大驅動力的情況最為明顯之處莫過於美國企業界。現今，大多數公開上市公司的高層主管坦承，他們經常犧牲未來目標以達成他們設定的每季獲利目標。儘管理論上那些目標應該用公司長期存活來衡量，這種情況還是發生。

企業界這種為股東和華爾街分析師預測下季利潤的做法（稱為「發表財測」），在一九九〇年代中期大為時興。美國國會通過「證券訴訟改革法」（Private Securities Litigation Reform Act），保障企業在預測下一季獲利時有免責權。這項法案讓企業高層無後顧之憂，得以任意預測高獲利以哄抬公司近期股價，進而提升他們的獎金，並充分反映出他們當下管理公司的風格。

然而，實際上，公司執行長在管理公司時往往確保他們達成獲利目標，以免讓投資人失望。根據他們自己的說詞，那些領導人為此放棄長期成長的重要投資與創新。壓力不僅來自於投資人，亦來自於領導人想要達成目標。研究證實，公司執行長在一個季度所分配到的股票越多，他們為了推升股價而削減的投資便越多。那個季度的唯一任務便是達成執行長所預測的財務目標。

為奇異、百事公司、時代華納有線電視和許多其他美國代表性企業擔任顧問的紐約森特爾維尤（Centerview）合夥公司，其創辦人兼金融家布萊爾・艾佛隆（Blair Effron）告訴我，他時常看到公司高層主管根據季度財測而做出決策，並非純粹為了效率而削減成本，而且明白此舉將犧牲自家公司的未來。調查指出，僅是為了達成季度財測，超過八成的公司執行長與財務長願意犧牲研發支出，半數願意延後進行可為公司創造更高長期價值的新計畫。麥肯錫公司（McKinsey & Company）的一項二〇一六年報告指出，八七%的公司董事會成員與高層主管感受到創造強勁短期績效的強烈壓力，儘管幾乎所有領導人都認同，對財務表現與創新而言，長期前景才是更好的指標。

凡是曾經面臨連串最後期限接踵而至的人，都會心有戚戚焉——當你不斷想要達成眼前的要求時，總是犧牲吃喝與睡眠，不理會重要但時機不恰當的事情。由於發布財測，企業領導人令他們自己陷入永無止境的最後期限困境。他們的指標讓自己永遠處於驚慌模式，就像把火星軌道探測器程式編寫錯誤的美國航太總署（NASA）工程師。或者，套句西里爾・康諾利（Cyril Connolly，譯注：英國文學批評家）說的話，他們變成海邊的潮水池，為了應付永不滿足的大海而總是乾涸。在這個案例，預測反而破壞了遠見。

為了達成季度目標，企業耗盡資源，而無法做對長期有助益的事。公司定期買回自家股票以拉抬股價，配發股息給股東，而不是將那部分收入運用在拓展公司成長。二〇一五年，標普五百企業將九九%的獲利用在這些地方，可投資於未來的資金所剩無幾。有一些突出的例外，主要是幾近壟斷地位的科技公司，將資金投入於數據分析與人工智慧等專門領域的研發。這些公司往往由創辦人領導，或是創辦人仍持有大多數投票權與股權。

在新聞上，我們讀到災難性的企業詐欺案件，像是安隆（Enrons）、福斯汽車（Volkswagens）及世界通訊（WorldComs）。可是，公司高層經常性地犧牲公司未來只求季度目標，讓我們在較不聳動卻更加嚴重的情況下受到傷害。由於這種行為，員工就業變得更加波動，創新停滯，企業無法支持解決氣候變遷或基礎教育等長期問題的政策——這些問題不會在下一季就有結果，但會影響企業未來。企業亦犧牲人們靠年金基金獲得更多回報的可能性。當我想到這裡，腦海便浮現公司高層在街上摔破小豬撲滿，讓銅板滾進下水道的景象。

一小撮勇於發言的人開始提出問題：如何讓美國企業界逃離短視目標的吸引力，明確來說，如何取消數十年來發布每季財報的慣例。

二〇一六年秋季，數名投資界大老聚集在紐約市索菲特（Sofitel）飯店的宴會廳，成立一個名為「資本聚焦於長期」(Focusing Capital on the Long Term)的組織，負責人是莎拉‧基歐漢‧威廉森(Sarah Keohane Williamson)。她以前是一名投資經理人，在威靈頓管理公司(Wellington Management Company)任職二十餘年。她對於公司視野短淺的憂慮並不是源自於行善的利他主義，而是為了錢——只看重每季獲利的狹隘眼光讓股東和經濟損失了多少。

「在這一頭的是像你我之類的儲蓄者，將年金與退休金基金投資於未來的人，手上有資金，」她跟我說，「另一頭是想要創業及拓展公司的人，他們需要資金。他們的創意與目的是很長期的，然而資本市場卻是短期的。人們做出差勁的決定。」

那一年，麥肯錫全球研究所與威靈頓的團隊開始檢視美國六百一十五家公開上市公司在十四年間的表現。這些公司不包括金融業，為中型到大型企業，亦即在那段期間至少有一年的市值超過五十億美元。他們將其中一百六十四家公司列為長期導向，評量標準是公司達成或未達季度獲利目標的比例，以及他們真正的獲利成長與每季報告數據的比較。這些資料讓研究者可以確實判斷這些企業是否將未來所需的資料挪用去達成近期目標。除了其他淨成長之外，他們發現在二〇〇一年到二〇一五年間，沒有把焦點放在季度指標的企業比同業其他公司的營收高出四七%。

最重要的或許是他們發現，專注於未來成長創造更多好處。長期導向公司的研發支出平均比其他公司多出五〇%，創造的就業多出將近一萬二千份。麥肯錫研究團隊估計，假如全體美國企業都跟他們研究的長期導向公司一樣，美國那段期間的國內生產毛額（GDP）將多出一兆美元。企業界受到數據指標的干擾，而讓社會付出高昂代價。

短視近利的不只是大公司而已。矽谷創業家艾瑞克・萊斯（Eric Ries）警告他稱之為「虛榮指標」（vanity metrics）的危險，新創公司就是用這項指標來評估他們在某個時間的成就。他指出，一些科技公司依賴網頁點閱率、下載數和網站服務使用者人數，作為進展的指標。他認為，新創公司往往將這些數據攀高歸功於明智的商業決策，但那可能只是業務的季節性或每週波動，就像迪士尼樂園在週末及學校放假時入園人數激增一樣。相對地，這些數據下降往往被過度強調，就像對沖基金投資人如果太常注意自己的資產組合，可能會反應過度一樣。不僅僅是投資人的指標，團體組織自己的指標往往也會阻礙遠見。

萊斯表示，最成長、持久的公司選擇長期意義重大的指標，而不是網頁點閱數。例如，他們計算一名使用者每日連上網站的次數，由此判斷顧客是否喜歡公司產品、忠誠度有多高，這是更好的未來觸及率指標。萊斯指出，臉書（Facebook）就是使用這種指標的公司案例，即便在公司早期便已採用。建立忠誠度之後，人們便更難以放棄社群媒體平台，即使他們擔憂個資隱私權、假新聞傳播和公司的倫理道德。

一個組織應該採取何種合理的指標，取決於該組織的目標。重複購買與市占率對零售公司或許更為重要，到訪或使用頻率則或許更適合應用程式（apps）或依賴廣告的公司。至於新聞機構，讀者閱讀報導的時間或者到訪的次數或許比點擊率更有意義，即便點擊率才能爭取廣告主。可是，沒有任何指標可以取代明智的判斷。

羅夫奧・柯瑞溫良謙遜，說話習慣拉長尾音，提醒人們他自小生長於南卡羅萊納州的桃子農場，儘管他已在紐約與紐澤西度過數十年。他並不自誇說自己比第一次網路泡沫的其他市場人士更加高明。他說那只是他唯一喜歡的投資策略。

如同所有投資人，柯瑞和老鷹資本的團隊希望低價買進、高價賣出股票。而且如同所有投資人，他們面對著未來的不確定性。看得越長遠，不確定性便越高。沒有人有水晶球。

為了打敗大盤，投資人需要違抗市場共識。老鷹資本的策略是找尋造成股價偏低的短期逆風，但可能在數年間消失或無關緊要，而不是數小時、數日或數週之間。

所以，此時此地看起來差勁的投資，往往引起該公司的興趣。老鷹資本的策略是買進被大多數投資人低估的公開上市公司股票，原因或許是獲利低、成本高，或者其他短期因素，像是擔憂利率調高或商品價格觸頂的預期心理。

一些投資者稱老鷹資本的投資策略為「時間套利」（time arbitrage），但也可以將之視為利用他人的短視來套利。該公司把握一個事實，亦即華爾街交易員與賣方分析師時常對不相關的指標做出過度反應，而未能對股票潛在未來成長給予充分價值。舉例來說，亞馬遜（Amazon）多年來嚇跑了許多股東和交易員，因為該公司的開銷費用直線上升，獲利率卻縮減。但是，亞馬遜在這段期間建立起一個王國，將獲利再投資於開發新產品及擴大市占，成為零售龍頭。

老鷹資本並不是唯一藉由忽略短視指標而累積財富的投資公司。股神華倫．巴菲特（Warren Buffett）出名的是他不理會短期雜音，而看重長期，有時好像更加注意核浩劫的風險，而不是未來幾年的風險。二〇〇八年，巴菲特跟一家對沖基金門徒合夥人（Protégé Partners）的高層主管公開打賭一百萬美元。他預測之後十年，標普五百指數以及與之連結的低費用被動型指數基金，將打敗跟客戶收取高昂費用的門徒合夥人所挑選的數檔大型對沖基金。門徒合夥人打賭對沖基金在那個十年將有更好的表現，證明他們的服務是有價值的。巴菲特最後贏了這場打賭，並把賭贏的錢捐給奧馬哈的慈善機構青少女發展中心（Girls Inc.）。他證明，完全去除雜音比吸收雜音更能賺大錢。

和巴菲特一樣，波士頓包普斯特集團（Baupost Group）創辦人塞思．卡拉曼（Seth Klarman）獲得極大成功，也是藉由投資長期價值將增值的公司，而不是一星期內會上漲的股票。包普斯特管理大約三百億美元的資產，卡拉曼已經絕版的投資書籍在亞馬遜網站要賣到一千美元以上。

二〇〇八年「大衰退」（Great Recession）降臨前夕，老鷹資本並未持有任何大型銀行的股票。柯瑞夫婦與他們的投資團隊認為，銀行股的價值已被高估，因為大多數交易員只看到強勁的短期回報。銀行業為了創造高季度獲利，似乎承受了很多的風險。在大銀行風險部門工作的人私底下抱怨說，沒有人聽從他們的警告。如果你和老鷹資本一樣看到一季或一年以後，就會明白股價崩跌的機率已經升高。

我們都已經知道故事的結局了。大型銀行的股票如預期中崩潰了。危機爆發後的情況引起了柯瑞夫婦的興趣：銀行股一直到二〇〇九年都漲不上來。於是，老鷹資本開始調查。二〇一一年，經過深思熟慮後，該公司開始買進一些銀行的大量股票，包括高盛（Goldman Sachs）、摩根士丹利（Morgan Stanley）和美國銀行（Bank of America）。

老鷹資本的看法是，買進一些銀行股票的時機或許已經成熟，因為股市仍然一蹶不振，尚未意識到未來的機會。金融危機後才上任的銀行業高層應該會迴避承擔大量風險，因為他們明白市場與主管機構更加慎重地監視他們。金融危機後上任的執行長與財務長有動機立刻剷除公司裡的問題根源或高風險商品，因為此時他們仍可以把錯誤行為與主意怪罪給前任主管。

羅夫奧與貝絲的公子，波伊金．柯瑞（Boykin Curry）便是這麼認為。他在二〇〇一年加入家族企業，先前擔任過管理顧問與對沖基金投資的職位。（羅夫奧仍任職於公司，貝絲已在二〇一五年過世。）

為了在不確定當中投資於未來，老鷹團隊運用波伊金所稱的「逆壓力測試」（reverse stress tests）。

測試方法如下：當他們的團隊想要投資某一檔股票時，波伊金便會提出一個假設情境——想像現在是距今五年或十年，我們回顧往事，對於買進這檔股票或沒有買進而後悔不已。到底發生了什麼事讓我們感到悔恨？那些事情究竟是如何發生的？

逆壓力測試可幫助投資者考慮許多未來的風險與機會。這種做法類似於Google X的策略，這是谷歌母公司旗下一個單位，投資於「射月」（moonshots）計畫，以解決影響數百萬人的重大社會問題。Google X主持該公司野心勃勃的自駕車計畫，以及藉由釋放熱氣球到平流層以建立網路連線，讓偏鄉地區的人們也能連上網路的熱氣球計畫「Project Loon」。

Google X的實驗計畫先天上便無法預測，並具有高風險；他們的宗旨是要解決艱鉅的問題，需要數百萬美元的長期投資。重要的是，他們必須盡快知道一項投資究竟會成功或失敗。Google X的主管艾斯楚．泰勒（Astro Teller）開心地吹噓說，他的團隊每天都想要封殺計畫。「我們不會等到失敗了，才學到教訓。」

在發動一個計畫前，泰勒的團隊會進行他所謂的「事前檢討」（pre-mortems），而不是事後檢討。檢討的用意是要預測為何一項創意或是計畫會失敗。他鼓勵團隊的每個人做出預測，寫下可能的風險或問題。團隊再投票反對或支持可能的威脅，跟可能的實際情況做出比較。如果多數人都認為具有威脅，團隊在一項計畫還沒展開前便予以封殺。提出封殺理由的團隊成員獲得獎勵，而不是嘲諷。他們的獎勵通常是擊掌或擁抱這類小舉動。

一九八〇年代，賓州大學華頓商學院教授黛伯拉．米契爾（Deborah Mitchell）研究如何用已經發生的方式來解說未來事件；她稱為「前瞻性後見之明」（prospective hindsight）。舉例來說，你不妨想像自己舉辦了一場成功的派對，然後說明所有可能的理由，包括精心設計的菜單、充滿活力的賓客、美妙的音樂，「結果」派對好極了。相對於人們經常用來說明未來事件的方法，前瞻性後見之明假設某件事情已然發生，再試著解釋其原由。人們的注意力將由單純預測未來事件，轉移到評估自己眼前選擇的後果。

米契爾認為這個方法可以幫助團體組織做出更好的決策，看見事情可能意外出錯或順利的情況，並提醒他們面對不確定性。她認為，前瞻性後見之明可以幫助團體組織發現失誤，例如一九八六年前蘇聯車諾比核災的肇因。時間快轉及說明我們何以如此的策略，類似於今日的事前檢討，可以增強我們的遠見。

大多數華爾街的資金經理人利用群組通話與公司高層互動，這些人或是他們的賣方分析師，亦即非公司股東、不會因為增加交易次數而獲利的人，都試圖獲得下季財測的資訊。他們將這些數據輸入模型，作為設定價格與交易決策的參考。老鷹資本的投資策略則很費時間。例如，在投資摩根士丹利之前，老鷹團隊花了數天與管理階層晤談，了解他們的帳簿。他們與銀行的風控主管、交易主管和投資銀行主管晤談。他們想要知道該銀行的高層主管如何迴避風險，以及長期擴大市占的方法。

老鷹的投資團隊表示，要買進一家公司的股票時，他們如坐針氈。可是，他們會持有一項投資長達數年，因此認為公司高層值得花時間回答一些直率的問題。他們提出的問題性質也不同於許多其他投資者所提出的。他們想要了解公司管理階層的想法以及價值觀。他們提出假設：公司主管是否為了季度財測而不擇手段？他們重視創新或擴大公司市占嗎？他們在做決策時看到多遠的未來？

前威靈頓管理公司經理人莎拉・基歐漢・威廉森對我表示，大多數投資基金經理人都害怕好幾季績效落後，唯恐流失客戶。投資者和他們的客戶都想迴避立即的虧損。

像柯瑞夫婦這樣持有股票數年的投資經理人，必須遠離股價大漲的泡沫市場，並在持股股價短期下跌或獲利疲弱時繃緊神經。在數年之間，可能會有許多時候他們好像要賠錢了，或者很想加入狂熱的市場。投資公司和其他機構需要方法來避免雙重危險：耽溺於立即滿足以及為了避免立即損失而草率行動。他們需要在雜音之中發揮集體遠見。

我們如何辨別信號與雜音，分辨煤礦裡的金絲雀或者進步的徵兆，以及無謂的干擾？

波伊金・柯瑞告訴我，當老鷹投資團隊看到他們一檔持股的股價大跌時，他們便啟動預先準備的回應。他們首先提醒自己當初買進這家公司股票的理由。例如，他們在二〇〇六年買進微軟股票，因為他們認為該公司將成為雲端運算龍頭。三年後，微軟股價跌逾四成。老鷹團隊進行調查。他們訪談微軟主管與外部專家，以查明原因。結果，股價下跌的原因是個人電腦出貨量及預設的軟體銷售下降。「這跟我們買進股票的原因無關。」波伊金表示。投資團隊決定忽視市場上對於微軟的雜音，甚至加碼買進。

「反過來說，如果我們發現微軟低價促銷雲端事業，我們便失去投資這家公司的理由。幸好，這項決策將可提升公司近期獲利，我們得以用高於買進的價格賣出持股。」他說。他們不受當下的干擾，不斷提醒自己當初相信這支股票的理由。你可以把這種手法稱為「北極星」，提醒一個組織的成員在日常瑣事之外，不時抬頭望，重新對準最終目的地。

二〇一六年，我參加史丹佛大學的董事學院（Directors' College），這是專為擔任公開上市公司董事的人士所舉辦的五日夏令營。有一天的午餐，我坐在矽谷銀行（Silicon Valley Bank）董事長羅傑．鄧巴（Roger Dunbar）的旁邊。他在一群西裝筆挺的企業人士之中相當顯眼，因為他看起來像個搖滾樂團管理員，而不像企業主管。鄧巴像個來自一九六〇年代的矽谷專家。他擔任顧問及協助創立許多科技公司，先前是安永會計師事務所（Ernst & Young）全球副董事長。他告訴我，當他聽到公司高層或董事會成員對短期雜音做出過度反應時，他總會假裝自己沒聽懂。他會在董事會上假裝自己忘記了，然後詢問執行長：「我們的長期策略是什麼？」他說，有時公司主管是聰明反被聰明誤，他們分析手上的每一項資料，卻忘了提出簡單但關鍵的問題。在他看來，有個不怕假裝天真甚或老朽的董事會成員是有幫助的。我認為這是提醒人們抬頭望的另一個方法。這是董事會、專責小組與顧問們可以扮演的角色。

在金融界，大多數投資經理人的報酬是依據基金年度績效，並依據他們持股的表現以及那一年為客戶賺了多少錢來獲取獎金。安永的一項調查顯示，平均七四%的基金經理人薪酬來自於年度現金支付。這意味著，可以鼓勵他們往前看的各項獎勵，例如股票、遞延現金和股票選擇權，只占他們薪酬的不到四分之一。

威廉森表示，這種薪酬架構往往阻撓投資者眺望未來的風險。就像吃角子機器上的閃光與音樂，他們獎勵經理人追求立即滿足。他們亦鼓動人們基於害怕眼前的損失而採取行動。沒有人想要錯失獎金。令人困擾的是，經理人的年度獎金基本上跟大多數家庭投資基金的理由是互相衝突的——大多數家庭是為了將來退休基金的長期目標才會投資基金。把錢交給以年度為目標的人管理，並不符合那些將因經理人的決策而產生損益的人們的利益。

老鷹資本並不發給資產組合經理人年度獎金。該公司經理人也沒有年度績效評估。他們的薪酬與公司配股隨著公司成長而同步增加。波伊金．柯瑞表示，這是因為他不希望經理人的投資決策「完全是出於年底到了，他們想買輛法拉利」。老鷹公司的投資哲學是，一年的時間太過倉促，無法看出一項投資決策的進展。該公司為了澆熄誘惑的熱度和控制虧損的可能而取消近期報酬，就像讓吃角子機器變成靜音以及取消賭場各項免費福利。資產組合經理人因此學到，他們不會因為今年的業績而大起大落。

基本上，老鷹資本的企業文化是為了鼓勵遠見。保持小規模才能做到這點。任何時候，整個投資團隊只有六人或七人，柯瑞夫婦因而可以看到團隊績效之外的東西。他們可以看到每個人的想法以及他們投資決策的理由是否恰當。該公司向來只投資二十五檔到三十檔股票，因此得以密切追蹤每檔個股的投資決策、公司領導階層和業界趨勢。

提得一提的是，老鷹資本團隊並不是完全不採用指標。只不過他們不使用一般投資人的指標，而是重視他們認為足以反映未來機會與風險的指標。短視的指標被可以看出一家公司是否成長的里程碑所取代。

舉例來說，其他投資人試圖猜測利率何時將調升、進而影響到大銀行的股價，老鷹團隊則是觀察摩根士丹利十年前帳冊上列出的衍生性商品合約到期價格，這項落後指標可以看出該銀行是否正確申報資產價值，抑或仍在承擔過度的風險。他們沒有選擇只能反映眼前是否成功的指標，而是能夠測試他們的假設的里程碑，好讓他們不斷調整對於未來的看法。

我詢問曾經預測到二〇一〇年印度微型信貸危機的美國微型金融專家丹尼爾．羅薩斯，是否有任何指標比貸款償還率更適合擔任煤礦裡的金絲雀。他開發了一個系統來評估一個國家是否正在醞釀信用泡沫。該系統比較債務人人數及貸款數量，以研判一個國家的債務人是否借取太多貸款，以及追蹤貸款成長率。他同時觀察政府法規是否遏止企業不當行為，以及市場透明度。他進行實地調查與訪談債務人，判斷這些指標是否符合當地實際情形。他認為，單一指標總是可能讓我們看不清事實。

約翰霍普金斯高級國際研究學院研究外援的政治科學家丹．馮寧（Dan Honig）認為，如果一個組織的目標簡單明確，例如興建道路，指標是有用的。訣竅在於指標必須與該組織確實想要完成的成果密切相關。「我以前做過公寓維修工人，如果我修補了牆上的破洞，老闆喜不喜歡我完全沒關係，反正那天結束時，我就是修了一堵牆，」馮寧告訴我，「這是可以驗證的。興建道路或者施打疫苗是一樣的，都是你可以觀察的事情。計算一個人每個月是否鋪設了五哩路或者對一百個人施打疫苗，就等於組織做到確切想要完成的事。」可是，對於目標較為複雜的組織，數據目標通常跟真正的目標天差地遠，更可能造成欺騙。馮寧表示，在那些案例裡，企業主管最好是運用判斷來評估進步。組織常犯的錯誤是用簡單指標去評估精密目標，例如教育兒童、改革司法體系或拓展一項創新事業。

今日，一些公司執行長選擇他們認為比較適合長期目標的指標。歐洲大廠聯合利華（Unilever）旗下擁有多芬（Dove）香皂和立頓（Lipton）茶包等品牌，當保羅・波曼（Paul Polman）接任執行長時，他渴望看到公司在他任內能夠再撐上一個世紀，因此他謹慎管理棕櫚油等天然資源的供應鏈。波曼於二〇〇九年上任執行長之後，聯合利華便取消季度財測，因為他相信為求達標將損及長程思考，包括公司是否在破壞地球。可口可樂（Coca-Cola）及福特汽車（Ford）等公司也不再提供每季財測以釋出他們希望投資人有耐心的信號。

聯合利華將波曼與其他高層主管的年度薪酬綁定在長程目標的指標，例如削減公司碳排量。二〇一六年，波曼因為推進公司永續經營的目標而獲得七十二萬二千二百三十美元獎金。荷商企業皇家帝斯曼（Royal DSM）實施更具野心的改革，將四百多名員工的一半短期獎金綁定在永續經營目標。

亞馬遜創辦人貝佐斯則自行設定指標。亞馬遜在打造零售與雲端運算帝國的將近二十年間，公司並沒有獲利。一九九七年在網路泡沫高峰，網路公司股價泡沫化，貝佐斯寫了一封信給亞馬遜股東，說明他對公司的長期願景。這封信因膽識十足迄今仍時常被投資人引述。在這封信中，貝佐斯解釋公司的決策是為了追求長期成長以及未來成為市場領導者。「我們相信基本的成本指標將是我們長期創造的股東價值。」他寫道。但他從未說過長期到底是多久。

貝佐斯在一九九七年股東信說明取代季度獲利與近期股價的指標：亞馬遜將評估客戶成長，以顯示該公司的市占率。該公司亦將使用重複購買來評估客戶忠誠度，另將評估品牌力量。他解說亞馬遜版本的「北極星」策略與其評估方法——利用自家的指標以評估進展，而非華爾街的指標。

貝佐斯同時解釋他對於未來決策的理念，以及他將做出何種取捨。該公司將選擇追求成長而不是現今的會計指標，支付員工更多股票選擇權而不是現金，以鼓勵他們投資公司的未來。亞馬遜計畫保持高現金流，並將現金再投資於未來成長。

自那封股東信之後，亞馬遜有將近二十年的獲利都很低，甚至零獲利，但不是因為公司沒賺錢。相反地，貝佐斯選擇將數十億美元營收再投資於新事業與技術，而不是把這筆現金在帳冊上列為高獲利以滿足華爾街。這項策略極為成功，亞馬遜現在已是全球市值最高企業之一。該公司並不是每項新事業都成功，可是幾項大勝利已使得這項策略值回票價。最近，該公司雲端運算平台亞馬遜網路服務（ＡＷＳ）營收大增，成為企業在收集與分析大量數據時不可或缺的工具。

亞馬遜電子商務的勢力令許多人擔憂，他們認為要有更多的競爭、企業規模不要太大，對消費者與整體經濟才是好的。其他人則稱讚該公司改變了購物體驗。我贊同一些對於亞馬遜做法的批評，也對自己熱中這項使用太多包裝材料的服務感到矛盾。但我認為這些顧慮不應抹滅我們學習亞馬遜遠見的機會，這些經驗可以應用在其他組織。

一九九〇年代後期網路泡沫破滅，令許多投資者驚覺到一些科技公司永遠都不會真正獲利，只是憑著純粹臆測才達到高價。泡沫崩潰後，亞馬遜必須跟那些科技公司做出區隔，讓投資人相信他們會做出實績。是驚人的銷售成長，而不是季度獲利指標，讓貝佐斯成功說服了投資者。

現在，大多數企業執行長浮報公司獲利，而不肯投資於未來事業。貝佐斯正好相反。在很多時候，亞馬遜因為事業決策導致季度財報令人失望而打壓股價。而今，眾多早期投資開始展現高獲利潛力。二〇一八年九月，亞馬遜成為繼蘋果公司之後，史上第二家達到市值一兆美元的上市公司。當然，諷刺的是，這是一家鼓勵客戶做出衝動型購買決定的公司。儘管貝佐斯一再宣揚長期思考，這卻未必是他的道德議題，而是他為了自己的利益所採取的一項準則。

波曼與貝佐斯是西方企業高層的例外，大多數公司主管不相信他們可以採取這種策略，抑或拒絕承擔嘗試之後失敗的風險。

投資人也可以挑選季度獲利之外的其他指標，以評估公司的長期前景。他們也可以調整用來評量自己績效的指標。波克夏海瑟威公司（Berkshire Hathaway）使用標普指數滾動五年期間的績效作為指標，而不是一年一年的績效比較，以獲得更長遠的眼光。可是，大多數投資人都還未採取這種做法。

美國民間傳奇英雄約翰．亨利（John Henry）用蠻力把一根鑽頭錘到岩石裡。在傳說故事中，亨利要跟即將取代他的蒸汽動力鑽機正面競爭。他接受挑戰，把鑽頭錘到岩石裡，好埋設炸藥以開鑿鐵路隧道。他打敗了不堪負荷的鑽機，靠著意志力獲勝。

然而，大家時常忘記這位傳奇人物在用盡力氣之後衰竭而死。與機器比賽付出了他的性命。但是，這則故事仍被奉為歌頌人類力量的寓言。

這種人類體力與意志終將戰勝機器的道德寓言是有破綻的。事實上，如果人類堅持用機器去做更有效率且更少風險的工作，我們終究要失業。引擎勝過划槳。電腦比人工計算更快。電動除草機比鐮刀更有效率。我們最好是把划船或親筆寫信當成娛樂就好，而不是當成職業。

當我們收集更多資料，電腦變得更能經由資料學習決策，機器將在許多領域與人類競爭及超越人類能力。人工智慧大躍進已使得機器可以勝任需要人類認知的任務。自動車輛勢將取代卡車司機。電腦在收集案件相關文件這方面早已打敗律師，在判讀磁振造影以探測腫瘤這方面亦超越放射科醫師。

老鷹資本的優勢有部分源自機器不擅長的事，至少是目前仍不擅長的。自一九九〇年代以來，許多投資者強烈依賴電腦模型。精密的分析協助我們梳理有關以往交易、現在與過去股價、商品價格與未來獲利的大量數據，以顯示買進或賣出的機會。柯瑞認為，這種投資策略變得越來越競爭激烈，充斥著持有相同數據、機器學習與資料分析工具大同小異的公司。

「我們必須利用只有人類才能看到的模式，」波伊金．柯瑞表示，「如果大家都用演算法，我們就沒有競爭優勢。」我認為老鷹資本的策略是在科技取代人類才能之下進化出來的。至少在未來數年，很難想像有一種裝置跟他們一樣喜歡問些咄咄逼人的問題，或是用逆壓力測試以獲得資料集之外的看法。

數年前，我在蒙大拿州一個牛仔競技俱樂部遇到世界頂尖人工智慧（ＡＩ）學者傑米斯．哈薩比斯（Demis Hassabis）。他是位神經科學家，在英國攻讀博士時研究人類記憶，後來創立DeepMind這家公司，現在已被谷歌收購。哈薩比斯創立公司的目的是要讓機器在學習上比人類還優秀。這家公司在二〇一六年成為全球頭條新聞，因為其ＡＩ系統在圍棋比賽打敗世界最佳棋手。在那場比賽，機器臨場發揮，運用眾多圍棋比賽的數據去想出新招而贏得比賽。這項驚人之舉證明電腦可以由情況當中學習，做出直覺式與創新的決策，而不只是遵循人類設定的規則。

哈薩比斯以這場棋賽勝利為例，說明人工智慧已超越研究人員的期望。可是，他相信還需要一段長時間，機器才會有能力對未來做出價值判斷。人工智慧可以掃描及辨認數據的模式，而且做得比人類更好。電腦可以由大數據學習，那是人類無法一次消化，甚至一生都無法做到的事。人類往往由自己的經驗與他人的經驗學習。哈薩比斯預見機器人將取代我們社會需要運用及理解大量資訊的工作。舉例來說，有朝一日在醫院裡，機器或許會比醫師更快及更好地診斷病患的疾病，因為它們可以學習數百萬名醫師對數百萬名病患的診斷。有朝一日，電腦將指導自駕巴士，因為它們可學習數億種駕駛情況。在投資時，機器智慧早已證明比人類更擅長解析決定短期交易的大量資訊。高盛（Goldman Sachs）投資銀行早已將股票交易自動化，以工程師管理的電腦大軍取代六百名交易員，只留下兩人。

然而，說到理解可能異於前例或趨勢的潛在因素，以及探測深遠的轉變，人類還是占有優勢。橡樹資本管理（Oaktree Capital Management）的知名價值型投資人霍華．馬克斯（Howard Marks）曾說過，量化投資基金依賴電腦模型可能成為這些基金的致命弱點。那些模型之所以獲利，係根據以前是正確的模式。「它們無法預測那些模式的改變；它們無法預期異常時期；所以，它們通常高估以往模式的可依賴性。」他寫道。

舉例來說，完全使用歷史及即時資料的電腦模型，或許會低估一家公司的新任執行長提升股價的能力，假如新任執行長缺乏過去成功的執行長的出身背景。然而，這名執行長或許正好適合未來的艱難時刻。至少在假設上，人類有能力對於趨勢提出更為深入的問題，跳脫一般的資料集和數字。

相較之下，依賴電腦做出決策，往往令人過度重視指標，因為大多數程式主要依據輸入的數據。雖然電腦可以比人類更加快速地執行任務，例如在毫秒間買賣股票，這種高頻率決策可能釀成災難，假如演算法未將人類可以看出的風險納入考量的話。一連串的自動化決策可能如滾雪球般迅速導致一家公司甚至整個股市崩潰。

在ＡＩ占上風的世界，哈薩比斯認為人類仍然可以在複雜與需要感情移入的角色戰勝機器。人類可以把眼光放遠，不只是達成我們設計程式讓機器完成的目標，例如贏得棋賽，這也是我們的優勢。

我們尚未適應這項新興趨勢。目前醫學界，醫師的重點是做出正確的診斷，亦即達成眼前的目標。照護慢性病患及協助病患了解不同治療選項的優缺點等長期工作，並沒有得到同等重視，也沒有投入那麼多資源。同樣地，在投資界，重點是更為準確地預測下一季的財報數據與股價，而不是評估一家企業的價值。我們尚未了解到，在我們與機器的對抗中，遠見勝於資訊。

當科技與經濟進化，使得人類因為前瞻、同感、細緻與策略而具有優勢時，我們卻仍沉溺於短視的指標，真是諷刺啊！未來，人類優勢將來自於我們的評估與判斷，而不是在解析事實這方面與機器正面競爭。

老鷹、包普斯特集團和波克夏海瑟威公司的成功證明，當大家都鎖定立即的績效時，耐心將創造豐富報酬。

但是，有些時候，一些公司發現他們必須跟隨短視的群眾，才能生存下去。數個世紀來，漁業便面對這種現實。即使漁民想把事業傳給後代子孫，也很難不把魚群一網打盡。漁民必須搶在別人之前捕到魚，即便這意味著長遠之後每個人都會變成輸家。

不久之前，巴弟．金敦（Buddy Guindon）也是這種漁民。他在德州加爾維斯敦（Galveston）的商業捕魚事業是捕撈墨西哥灣笛鯛。五十多年來，漁民過度捕撈笛鯛到瀕臨絕種的程度。及至二十一世紀初葉，這種魚的族群數量只剩歷史水準的四%，即將永遠消失。

美國政府一直想要保護墨西哥灣笛鯛和其他聯邦水域的魚種，而設定全年撈捕量限制，允許每季只能在一些日子捕魚，直到達到年度配額。每一趟出海，墨西哥灣的漁民限制每日最多捕捉兩千磅的笛鯛。在一年當中數個指定的出海日，商業漁民爭相盡可能捕魚。他們彼此競爭日益減少的魚群數量。

金敦說，在這種機制下，他和他認識的其他漁民的行為像是海盜。他們去參加婚禮及自己小孩的棒球比賽也會早退，以便在那幾個出海的日子搶頭香。他們甚至在夜色掩護下偷偷出海。為了不超過每日兩千磅的上限，他們把小魚丟出船外，留下大魚到市場賣。然而，從海中被急速撈起的魚，再被扔回海裡後通常活不了。漁船後方的死魚綿延數英里長。

所有魚種的出海日集中在一年當中的相同時期。在那些日子，漁民殺死大量魚類，包括那些合法與違法撈捕上岸的，以及被他們當成垃圾扔進海裡的。笛鯛因此無法繁殖，族群數量逐年下降。隨著魚群數量減少，商業漁船必須花更長的時間開到更遠的外海去尋找魚蹤，即便是暴風雨也一樣，如此才能確保他們在出海日捕撈到最多數量的漁獲。他們浪費了燃料、時間和金錢。他們竭澤而漁。

在岸上，笛鯛市場亦受打擊。出海日子的漁獲一大堆，價格被壓低，其他時候則一條都沒有。廚師們於是在菜單上刪除這道食材，漁民和船員冒著更大的風險、花更多的力氣，利潤卻越來越少。

即使金敦等漁民想要適當地捕魚，更顧及漁業及自己家族的未來，可是在出海日政策之下，這並不符合他們的利益。大家都搶著第一個出海，讓謹慎的漁民毫無所獲。「我被逼著親手毀掉自己的捕魚事業，」金敦向我表示，「你可以說我是個壞蛋，但我是被法規逼得這麼做。」

漁業長久以來便是「公地悲劇」（tragedy of the commons）的典型案例。美國生態學者加勒特．哈定（Garrett Hardin）一九六八年發表一篇開創性論文，說明共享資源的困境。若是每個人追求私利而去捕魚或挖掘黃金，一場競賽由此展開，大家都盡可能消耗資源，免得他人捷足先登，因而毀掉一切。沒有人想要保護資源，因為大家都害怕別人不配合的話，他們那麼做也是徒勞無功。

諾貝爾經濟學獎得主伊莉諾．歐斯壯（Elinor Ostrom）指出，早在哈定之前便有很多人提出這種概念。亞里斯多德在他的政治論述指出：「眾人共有的事物，便無人關心。每個人只考慮自己，毫不關心公益。」

然而，從另一個角度來看，墨西哥灣笛鯛等漁業受到公地悲劇的打擊還更加嚴重。長期下來，撇開短期利潤，過度捕撈並不符合大多漁民的私利。他們的生存、生計和生活方式都跟漁業健全習習相關。對大多數漁民來說，捕魚並不僅僅是一項經濟活動，更是一種界定他們與社區的文化認同。許多漁民同時也希望傳承給下一代。這是過去十年我在世界各地拜訪及研究漁業時，一直觀察到的一件事。

金敦和有著相同理念的墨西哥灣漁民，眼看著他們的漁業逐步邁向毀滅，也看到他們對自己未來生計與社群文化所造成的傷害。可是他們並沒有基於對漁業命運的擔憂而採取行動，因為出海日政策加劇他們的莽撞行事。

我認為，被我們視同公地悲劇的許多情況也可以由時間期限的角度來觀察。當我們污染海洋或空氣，我們或我們的子孫終將受苦。在做出這些決策時，人們偏向汲取眼前利益，不顧慘重的長期代價。如果更多人重視自己的未來利益，而那碰巧也是共同利益時，我們便能克服一些公地悲劇。歐斯壯同樣指出，我們有方法可以做到這點，悲劇並不是無可避免。

二〇〇七年，墨西哥灣笛鯛漁民找到減輕傷害的方法。保育團體環境保護基金會（Environmental Defense Fund）向他們提出一種新的漁業管理方法，稱為捕撈比例（catch share）。他們投票通過實施。一九七六年根據全國法律而設立的墨西哥灣地區漁業管理協會，通過這項計畫作為重建漁業的方法。

根據捕撈比例制度，各家漁業公司在每年可以捕撈的魚種配額均可獲得一定保證比例。墨西哥灣的比例係根據過去十四年哪些公司捕撈笛鯛的歷史來分配。現在，漁民可以在一年當中任何時候出海以達到他們的比例，或者他們可以把自己該年度的比例賣給其他漁民。他們變成漁業股東，只是不像華爾街交易員那麼迅速地交易。交易捕魚比例的門檻很高，你需要技術、漁船和等液壓捲軸等昂貴設備才能從事笛鯛業。大多數擁有捕撈比例的漁民都會長期持有，近似公司創辦人或老闆，而不是股票交易員。不像取得水權的西部牧場，如果一年之中沒用到足夠水量就輸了一樣，漁民的長期捕撈比例獲得保障，因此他們不必趕在今天大量捕魚。

墨西哥灣笛鯛捕撈比例制度取得極大成功。魚群數量由滅種邊緣回升，恢復十五年前幾近消滅的族群。

笛鯛數量自二〇〇七年以來增加至三倍。隨著魚群數量回升，每家商業漁業公司也跟著繁榮。商業漁民每年依法獲准捕撈的笛鯛數量已增加一倍以上，結果金敦等漁民的收益也增加一倍以上。

現在，捕魚季遍及一整年，魚群數量的壓力便減少了。漁民也沒必要在險惡天氣冒著生命危險出海。金敦現在賺到更多錢，因為他的成本減少。以前每趟出海只准捕撈二千磅的魚，現在他可以捕到一萬磅，因為他可以在一年當中的任何時候出海捕魚。他丟棄的魚也因此減少八〇%。由於他不必跟大家同時把魚賣到市場上，價格也提高了。

捕撈比例制度讓金敦和其他漁民成為符合他們希望的長期投資者，而不是陷入彼此競爭，看誰抓到最多魚。

《自然》（*Nature*）期刊在二〇一七年公布一項調查，比較三十九處實施捕撈比例的漁場以及沒有採取這種管理制度的美國及加拿大漁場。研究者發現強烈證據顯示，實施這種做法的每個地區都未再出現爭相捕魚的情況。哈定或許無法想像美國過去二十年發生的事情；濫捕的漁場數量已降至一九四〇年代以來的最低水準；現今美國聯邦水域所捕撈的魚類約有三分之二均是在這種制度之下捕撈，自二〇〇〇年以來美國魚群數量已回升逾四成。

捕撈比例制度的成功證明，協議管理事業與明智政策可以促進集體遠見。借用金敦的話來說，協調未來與現今利益的計畫，可以把海盜變成管家。

現在有許多企業執行長感覺像是出海日捕魚的漁民，他們永遠都處在一場短期競賽，要美化他們的季度財報，獲得高評價，進而提升股價，為股東賺取高報酬，讓董事會開心。他們需要一股原動力才會想把企業文化轉向集體遠見。很多公司高層說他們也想在決策時更加考量未來，但投資人不允許他們這麼做。

二〇一七年，我訪談隆恩．沙奇（Ron Shaich），他是潘娜拉麵包（Panera Bread）創辦人，並在二〇一八年初之前擔任執行長，該公司是過去二十年來美國最成功的連鎖餐飲公司之一。當時他剛讓公司下市、退出資本市場沒幾個月。沙奇認為該公司的競爭優勢在於對餐廳未來趨勢進行長期押注，例如他預期潘娜拉這類以低價提供湯品、沙拉和三明治的「休閒速食」餐飲將需求大增。他的商業座右銘是設想五年後公司的樣子，然後提前部署。在潘娜拉還是上市公司的時候，他時常感受到華爾街施加反對這些目標的壓力。他跟行動派股東發生衝突，後者要求他放棄投資科技，因為數年來獲利都沒有起色；但實際上，這類投資在最近興起的外帶外送風潮獲得回報。其他股東則要求他買回自家股票以拉抬股價。

沙奇稱自己是「長期貪婪，而非短期貪婪」，因為他發現專注在本季之後更遠的時間點，將可為公司創造更大價值。他也喜歡提前考慮風險，他向我表示：「應該擔心心臟病發作的時間不是在前往醫院的路上。」可是，在管理他的上市公司時，他總是花兩成的時間在報告公司近期活動及下一季的活動，而不是把那部分時間投注在公司數年後的規劃。他亦認為股東的時程越來越緊迫。一九九一年潘娜拉首度公開上市時，半數以上的股東持有股票超過一年。二十六年後，一半的股東持有股票不到一個月。即使一些長期投資人留了下來，股價仍操縱在進行快速交易、只關心基金同業上季績效而不在乎持股公司的對沖基金手中。

二〇一七年，沙奇要求有耐心的私人投資人買下潘娜拉，從股票市場下台。以ＪＡＢ控股公司為首的投資集團斥資七十五億美元買下該公司。他們把自己定位為收購具有未來成長前景的公司的投資人。ＪＡＢ控股在二〇一九年被揭露與納粹有關係，按照目前的架構，該公司具有百年歷史。他們的商業決策是以數年為考量，而不是單季。

許多公司創辦人和領導人選擇永不公開上市，以保持創立公司的初衷。摩根大通銀行（JPMorgan Chase）執行長傑米・戴蒙（Jamie Dimon）認為，由於不想受制於短視的華爾街，越來越多公司拒絕公開上市，首度公開上市（IPO）數量因此逐漸減少。一些公司，例如嬰兒食品商梅子有機（Plum Organics）、烘培配料供應商亞瑟王麵粉（King Arthur Flour）及服飾商巴塔哥尼亞（Patagonia），甚至成為公益法人團體（benefit corporations），這種身分使得他們不只要在股東報酬等財務表現負責，亦需達到特定環境與社會標準。公益法人團體往往吸引想要深入投資於品牌及公司、關心公司對社會影響的投資人。大多數為未上市公司，因為取得資本的管道有限，公司成長可能受到抑制。

然而，不論是保持未上市或是公開上市，都無法保證一家公司會朝向長期成長抑或看重短期利潤。對大多數公司來說，問題在於領導階層和他們選擇的工具。

在二十世紀，企業界用於初期、長程研發的投資多過目前的水準。那個時代，IBM、奇異（GE）、全錄PARC、RCA實驗室和美國電報電話公司（AT&T）的貝爾實驗室的基本研究投資，發明了電晶體、太陽能光電、雷射和熱成像。現在，企業界的研發投資已轉移至後期科技，可以更快誕生新產品，美國民間研發占經濟產出的比重不斷下降。美國以前無疑是研究投資的全球龍頭，如今全球排名第十。新近整體研發支出增加，大多歸功於少數幾家科技公司，包括亞馬遜、英特爾（Intel）、字母控股（Alphabet）、蘋果和微軟，其他產業的研發投資則已減少。

已故的康乃爾大學法學院教授琳恩・史圖特（Lynn Stout）認為，美國企業界的長期投資減少是因為注重短期的股東影響力增強，後者表現得不像是先前時代的長期所有人或公司董事會，反倒像是今天就想從一家公司盡量抽走現金的投機者。她指出，一九九〇年代初期美國國會與證券交易委員會通過的法規助長了「股東至上」（shareholder primacy）。這些改革導致企業將執行長薪酬綁定在股價與季度每股盈餘，並且讓行動派對沖基金等股東得以發起行動，要求公司董事會回應他們立即的要求。

二十一世紀之後，美國企業界的座右銘是「盡量擴大股東價值」。這個概念未必會助長短視近利，結果卻被視為擴大眼前的價值，而不是未來的價值。畢竟，可能會有股東要求前瞻及投資於研發與新市場。然而，科技使得交易股票變得輕鬆，加上投資人缺乏耐心，導致股東至上與短視近利同時發生。股東不會像真正的公司所有人一樣忽視股價短暫下跌。他們在意近期目標，就像紐約市計程車司機關心每日收入，無視於每個月的目標。不確定性與恐懼亦為其中因素。史圖特在二〇一五年一篇文章〈時光機的公司〉（The Corporation as Time Machine）中寫著：

> 當股市低估一家公司的股票，該公司股東面臨兩難情境。股東或許認為股市終將正確反映該公司的股價。但要等到什麼時候呢？或許直到股東賣掉持股，股市都不會做出修正。

一九六〇年，紐約證交所掛牌的股票平均被持有八年。現今，由於費用低廉及容易頻繁交易，加上市場資訊氾濫鼓動了情緒性交易，平均持股時間只有幾個月而已。現今美國大約七成股票交易都是經由「極速」交易員進行，許多人持股短短數秒鐘。以上市公司執行長來說，重視未來往往跟討好這類股東正好衝突。這是另一種資訊取代了遠見的情況。

企業、投資公司和政府機關都未能矯正個人股東的短視近利。但這是可以選擇的，不是無可避免。我們有幾種方法可以做出改變。

英格蘭銀行首席經濟學家安德魯・霍爾丹（Andrew Haldane）提議，投資人應該像被綁在船桅上的奧德賽。它的形式可以是持股長達數十年的投資公司，遠超過老鷹資本持股數年，或者是透過政府政策和稅制要求或鼓勵長期持有股票。

一個由跨黨派美國商業領導者組成的團體倡議一項政策，亦即課徵金融交易稅，藉以減少市場的投機、高頻率交易，鼓勵長期持股。該團體名為「美國繁榮計畫」（American Prosperity Project），成員包括荷蘭皇家殼牌（Royal Dutch Shell）、利惠公司（Levi Strauss）與輝瑞（Pfizer）等公司執行長與董事長。英國、香港與新加坡均已實施形式不同的金融交易稅。

董事會或政府的其他改革，可以推動更多股東與執行長投資於長程計畫。一個選項是公司高層主管至少七年間不得兌現股票報酬，他們個人才有動機展望未來，而不只是下一季。

我贊成給予長期投資的股東更多投票權或所有權的概念。美國企業每股一票的既定做法，讓短期投資者與長期投資者站在相同地位。一些公司找出創新方法來改變這種情況。谷歌在二〇〇四年初次公開上市，設定股票雙軌制。保留給長期投資者與創辦人的股票，其投票權是一般大眾持股的十倍，包括短期交易員等大眾對公司商業決策的影響力因而減少。二〇一五年，該公司組織調整成為字母控股，設立股票三軌制，其中一類股東甚至完全沒有投票權。這家公司碰巧也是對長期研究進行龐大投資，該公司一直是美國市值最高的公司之一。另外一種做法是，長期股東可獲得認股權證，日後可以買進更多公司持股。

如果企業本身不採取這些措施，政府可以介入。麥肯錫公司的鮑達民（Dominic Barton）曾建議美國實施改革，根據投資人持有股票的平均時間長短來設定公開上市公司的投票權。表現得像個公司所有人的股東將對公司決策更有投票權，超過那些表現得像個投機客的股東。

矽谷創業家萊斯一直推動設立一個能夠結合這些觀念的長期證券交易所。在該交易所掛牌的公司必須同意依據長期指標給予高層主管薪酬，而不是依據季度每股盈餘與短期股價。股東投票權將取決於他們持有股票的時間長短，公司將必須詳細報告研發的長程投資。雖然一些科技公司領導者同意這個概念，這個交易所能否吸引大多數投資人與公司、能否在過程當中堅持長遠的看法，都有待觀察。不過，企業界不需要加入這個新證交所，也可以採取這種做法。

團體組織需要採取大膽的行動，才能實施這些改革，在寫作本書時，我仍然懷疑我們會很快看到資本市場的普遍改變。可是，這類轉變可能意外出現，可能是為了因應危機或是合適的領導人上任。目前，在缺乏急遽改變之下，團體組織必須將就使用既有的工具，調適當下的需求與未來的利益。

第六章
亮粉炸彈
——長路上的光

詢問這個地方的天才，
他知道水的起伏。
——亞歷山大·波普（Alexander Pope），〈致柏林頓書〉（*Epistle to Burlington*）

太陽出現在堪薩斯州的天際線，就像一顆蛋黃，旭日升起後就開始炙烤這片土地。韋斯·傑克森（Wes Jackson）是在這片平原上土生土長的農夫，他從自己的卡車中探出頭來，看著這條已經發生改變的河流。他機智、提倡打破傳統觀念，從小就是摸著泥土長大的。一九七〇年代他捨棄了在加州當一名學術科學家的生活，回到了堪薩斯州。他想找到解決辦法，讓農夫每年都能獲益，同時避免破壞土地，導致未來人們吃不飽。

從那之後他就把人生都奉獻在這件事情上，在農夫當下的需求、現在對農場的好處，以及長期看來對人類的好處之間尋求平衡。

斯莫基希爾河（Smoky Hill River）綿延五百六十英里，從科羅拉多東部平原延伸至與共和河（Republican）交會處，最後結合成堪薩斯河（Kansas River）。一八五〇年代晚期，一條小徑出現，與斯莫基希爾河並列，一路上散落著那些前往科羅拉多平原、造就了丹佛市的淘金礦工的工具和遺骨。盜賊潛伏在小徑邊，搶劫那些徒步旅行者。冰冷的冬天讓旅途更加艱鉅，有時甚至會有生命危險。

我到傑克森的非營利機構「土地研究所」（Land Institute）去拜訪他，在堪薩斯州薩利納（Salina），一片七百英畝大的金色田野、高草原以及臨時辦公室，圍繞著斯莫基希爾河河畔。傑克森知道所有關於這片土地的古老故事，可追溯到冰河將崎嶇的土地壓成一片草原。他出生於一九三〇年代，正值黑色風暴（Dust Bowl）時期，當時農夫們挖掘乾涸的土地，剷除草原，以便在乾旱時期種植更多麥子。泥土像龍捲風一樣捲起，遮天蔽日，並落在穀倉屋頂。黑色的塵土像暴風雪一般堆積在房屋門口。沙塵暴讓空氣中充滿靜電，造成引擎短路，車子都拋錨在路邊。沙塵暴甚至從北美大平原移動到東岸，讓自由女神像及美國國會大廈都籠罩在咖啡色的大霧裡。

想立即獲得成功的欲望，加速了黑色風暴和早期的淘金潮。第一批淘金者必須搶在其他人之前才能淘到金子。但那些為了種植麥子而破壞草原、蹂躪土壤的農夫，卻種下了一場大災難的禍因。數十萬人失去了農場、食物、生計。我在二〇一六年認識傑克森時，他剛滿八十歲，這時他仍然在研究一九三四年他父親的農場留下的紀錄。「我出生的那一天正吹著沙塵暴。」他告訴我。

現在，堪薩斯州數百萬英畝的麥田、玉米田和高粱田都在流失土壤，但不是飛散到天空成為沙塵暴，而是流進斯莫基希爾河及其他水路。農場上肥沃的土壤經過美國中西部的滂沱大雨沖刷之後，被河流帶走，河流濃稠得像是嚼菸草者吐進杯子裡的菸草殘渣。農夫們種植的一年生作物的根部太淺了，無法固定住表面土壤，所以土壤會流失。流失得越多就代表農夫每年都需要更多肥料、水以及能源才能再度播種。傑克森認為這不是一個單獨的問題，而是經年累月造成的。在他看來，污濁的河水讓人想起數千年以前人類歷史上犯下的錯誤。

智人出現在地球上已經超過一百萬年了，但是開始農耕也只不過是一萬年前的事。當肥沃月灣，也就是現代中東地區的人們第一次撒下種子時，他們是種植一年生的種子，每年重新種植，有點像我們花園裡會種的金盞花或天竺葵。這些一年生作物的種子比較方便收成、重新種植，因為以前的農夫會不斷遷移。他們選擇一年生作物可能是因為長得比較快，一季就會長成了，而且比較容易培育出某些特徵，例如像玉米那樣保留種子不脫落。種子可以保留起來，明年到一個新的地方再種下去。多年生植物需要更久的時間來栽培，而且更難藉由育種來防止它們的種子像蒲公英一樣四處散去。四散的種子很難收集，也比較難帶去下一個地方。

然而我們的狩獵採集祖先食用的卻是多年生的野生植物，例如在黑色風暴以前，原本就長在美國中西部草原上的植物。古代中國文明曾經仰賴多年生野米的供給。大多數的古代穀物都和我們現在吃的大不相同。

現在一年生玉米、黃豆、米和麥的單一耕作遍布全世界，需要許多勞力、資源和運氣才能讓它們長成。因為缺乏作物的多樣性，農場無法抵禦疾病和害蟲，需要使用強力的殺蟲劑和除草劑。肥沃的表土被沖刷，每年都必須犁地才能再度種植，而且還要使用人工肥料。每年犁地及播種的循環，這種做法形成了耗盡資源、重新開始的文化，將老的替換掉，而不是投資永續性。隨著地球氣候暖化，乾旱及洪水的風險都升高了，黑色風暴的威脅就像雷雨雲一樣朦朧地顯現。

大多數的農場都是根據每年的收成來評估作物價值——每年每一英畝能收成多少噸作物。農夫只使用這種評估方式，永遠都不會預料到嚴重乾旱的危機，直到塵土已經開始飛揚。然而，年度收成並不是一個武斷的數字，而是決定一間農場是否能生存的市場規則。

農夫所面臨的兩難抉擇在其他產業和業界也會出現。短期看來合理的做法在長期看來並不是好事，例如把海裡所有的笛鯛都抓完，這樣會在市場上獲利，但是卻會永久性地破壞漁業。投資人想要快速獲利，但這樣的心態卻無法支持某些事業，例如需要好幾年的研究才能創造出來的醫學奇蹟。

傑克森希望農場能長久經營，也希望在立即利潤的需求之下還是能夠發揮遠見。他認為重要的不是農夫每一季可以收穫的食物量，而是每一個世代。他發現全球的土壤都在侵蝕，逐漸無法餵飽不斷成長的人口。他認為把眼光放遠、看向遙遠的未來是自己的任務。

傑克森說他在一九七〇年代和學生前往康扎草原(Konza Prairie)時,在那裡得到了頓悟。這個從上一次冰河期就存在於堪薩斯的古老草原,一直存活到現在。土壤沒有侵蝕的痕跡,雖然每年都會收成乾草,但從來沒有被犁過。這裡有許多不同種類的多年生植物,它們有很深的根,撐過了所有的乾旱、洪水,甚至是黑色風暴。

傑克森明白了,「我們忽略了這片土地的天才」,並在之後引用亞歷山大.波普的話向我敘述:「大自然就是我們的圖書館——是我們的亞歷山大圖書館。」

草原可以維持很久。傑克森在想,能不能把草原的條件(能抵抗極端氣候、可保護肥沃土壤、一代一代持續下去)應用在農業上。傑克森和一小群研究生、親戚,以及追隨者,一起開創了土地研究所,持續進行研究,希望能讓他的想法化為實際。

在時間的考驗之中留存下來的東西也許可以提供線索,讓我們知道有什麼能夠在未來長久持續下去。工程師丹尼.希利斯在建造他的一萬年時鐘時,也一邊參考過去、一邊修改他的計畫。在這個轉瞬即逝、裝置注定在幾年內就會過時的時代,希利斯要回頭去找尋在歷史上持續了很長一段時間的工程設計。雖然數位時代的設計模式是要創造出使用當下最快速、最優秀技術的產品,但希利斯認為這樣的做法不適用於製造一個要運作數千年的東西。

為了達成這個目的,希利斯研究了據說是世界最古老的、仍在運作的時鐘,位於英國的索爾茲伯里大教堂（Salisbury Cathedral）。歷史學家認為它建造於十四世紀。這座時鐘並非使用原有的機軸擺桿（verge-and-foliot）裝置，它很容易改造。在伽利略發現單擺可以作為計時器和節拍器之後，這座時鐘就在十七世紀晚期被加裝了錨形擒縱器和鐘擺。希利斯認為，這座時鐘之所以可以維持這麼久，是因為它的透明度和模組化——人們即使沒有特殊知識或經過訓練，也可以看見它是怎麼運作的，因為它的機制很簡單，所以人們可以將它拆解檢查或更新某些零件。

希利斯建造一萬年時鐘時採用了這些原則，舉例來說，他和其他工程師考慮在每年夏至校準時鐘的裝置中使用鎳鈦合金，它看起來像鋼，但其實是一種特殊材料，即使受熱變形，之後還是會恢復成原來的形狀。但是希利斯覺得鎳鈦合金對未來參觀時鐘的旅客來說不夠透明，因為他們可能不知道它擁有這些「魔法」特性，也許會嘗試用鋼來取代它。於是他和其他時鐘設計者就建造了一個雙層玻璃室，內層玻璃室有一塊鈦金屬片，作為一面鏡子，可反射夏至時射進時鐘內的陽光，不斷來回反射直到內層玻璃室加熱並膨脹。他認為這個裝置更淺顯易懂。

時鐘的零件原本可以使用希利斯職業生涯中大多數時間都在研究的半導體技術，但是即使他可以讓這樣的零件長久持續下去，也可能會讓九千五百年後想要維修這座時鐘的人無法看懂。因此，這座時鐘的零件和裝置全都會是機械的，與現代那些經過電腦編寫的車輛不同，未來任何想要維修這座時鐘的人都能清楚明白它的運作方式。獨特的鐘聲是由布萊恩．

伊諾設計的，並且可以單獨拿出來修理，不影響時鐘的鐘擺和時間校正機制，反之亦然。

現代人類挖掘出來的許多古代文物，例如死海文書或埃及金字塔，都是因為處於乾燥的氣候才得以保存下來。這就是為什麼希利斯和傑夫・貝佐斯要選擇德州沙漠中的這個地點來建造一萬年時鐘。他們還觀察到在歷史上，故事通常可以比實際的物品流傳得更久，例如耶路撒冷聖殿，在猶太教和基督教的古代文書中都被描寫過。他們的合作者史都華・布蘭德贊成為這座時鐘創立一個組織，這樣就有一群人會將時鐘的故事不斷流傳下去、守護著它。在我看來，今日永存基金會（Long Now Foundation）的目的類似於一個家族，要將一項傳家之寶或故事一代接著一代傳下去。

想要進行長期計畫的組織也可以參考已經活了超過數千年的現存生物——有些甚至經歷了人類文明的誕生。

藝術家瑞秋・薩斯曼（Rachel Sussman）記錄了地球上存活最久的植物和動物。她在加州拍攝了一棵活了五千年的刺果松（bristlecone pine），在南極拍攝到活了一萬五千年的火山海綿（volcanic sponge），以及活了五十萬年的西伯利亞放線菌（Siberian Actinobacteria）。薩斯曼與研究長壽植物和動物的科學家合作，精選出它們長壽的祕密，創作出她令人驚豔的著作《世界上最古老的生物》（*The Oldest Living Things in the World*）。

舉例來說，位於猶他州的「潘多」（Pando）白楊無性繁殖群體已經超過八萬歲了，它長壽的原因是自體繁殖——也就是複製自己，然後緩慢地移動，以滿足它對土壤裡水分和營養的需求。它甚至撐過了七萬五千年前蘇門答臘火山劇烈爆發所造成的火山冬天（volcanic winter）。數位檔案管理員大衛・羅森塔爾（David Rosenthal）模仿了它的策略，也就是自我複製。他曾擔任史丹佛大學數位圖書館員，是保存我們這個時代轉瞬即逝的數位人造物及紀錄的專家。羅森塔爾告訴我，許多分散在不同環境和組織的副本，是數位時代的創意和紀錄唯一可行的生存方式，這些副本都是使用很快就會變得過時的數位格式及媒體來儲存，就像早已過時的磁碟片和錄影帶一樣。就像被燒毀的亞歷山大圖書館（Library of Alexandria），單一的資料庫存在著在一次災難中徹底消失的風險。羅森塔爾認為，即使是網際網路檔案館（Internet Archive）這個將網路上的一切都備分起來的非營利組織也有風險，因為它兩個備分的儲存地點距離聖安德魯斯斷層非常近。十一個加拿大組織合作保存政府的資訊，就是複製分散網絡的一個範例。

地球上最長壽的生物還有另一個祕訣，就是生長得很緩慢。薩斯曼在格陵蘭所拍攝到的地圖地衣（map lichen）至少已經活了三千年以上，它每一百年只會長一公分——比大陸漂移的速度還要慢一百倍。還有，最老的白楊樹會將資源貢獻給一根樹枝或針葉，其他樹枝可能看起來就像是死了一樣——讓關鍵的部位成長，而不是讓一整株都長得很繁盛。

了解這些知識，讓我想起我和一位古代中國及日本藝術「盆栽」大師的對話，他擁有高超的技術，可以讓年輕的樹看起來很老，並製作出小型的樹，可以活得比任何一個人類的壽命都要更久。他說，可以活過幾個世紀的樹不會把能量浪費在開花——它們重視持久。換句話說，它們不會想要把每一件事都做好。也許這能讓一些組織明白，他們可以把資源投入在快速成長或永續經營，但通常無法二者兼顧。

韋斯・傑克森觀察過去，並進行改造，以配合農夫們現在和未來的需求。

傑克森和他的同事將野生的多年生作物馴化，並與現存的一年生作物雜交，成功發明了多年生穀物。過去十年裡，科學家和來自美國中西部、中國及非洲的農夫一直在嘗試讓作物更完善。

多年生穀物和一年生穀物不同，有粗壯的根，會插進土裡十到二十英尺深。植物如果擁有這種穩固的根，就不需要太多的灌溉，也比較能忍受乾旱。多年生植物的根就像爪子一樣，會緊緊抓住肥沃的表土，不讓它們被沖刷走。這讓土壤中充滿豐富的微生物，可幫助作物更有效率地吸收養分。多年生穀物不需要每年都犁田，所以能保留更多的碳在土壤裡，不會散到大氣之中，對全球暖化也會有所貢獻。

傑克森相信多年生穀物可以為農業奠定一種長期思維——每年用更少的水和資源，同時保留土壤和天然地貌，這樣長期看來農夫就能種出更多食物。

然而，為了滿足農場事業的立即需求，多年生穀物不能像給予他們啟發、在草原上安安靜靜生長的多年生植物一模一樣。他們必須借助一年生穀物在過去這一萬年來如此受歡迎的原因。換句話說，為了每一年的收成，它們必須產出許多種子。為了讓農夫接受，傑克森必須培育出每年都能產出大量作物的多年生穀物。

當傑克森開始著手進行時，別人說這是不可能做到的——植物勢必要在能量的分配上做出取捨，分配給可以保護土壤的根部，或是分配給我們所食用的種子。他的同事指出，農夫想要將產量指數提升到最大，也就是一種植物每年可收成部分的總重量百分比。如果你讓植物的根部變得更像多年生植物，就會失去一年生植物所擁有的短期優點——每年的高產量。如果你讓種子變得更像一年生植物，就會失去多年生植物所帶來的長期優點，但可以收成比較多作物。

傑克森不會這麼輕易地放棄。他相信科學會幫助他和他的團隊找到辦法。「我的瘋狂裡帶著宗教信仰。」傑克森喜歡這樣講。他對於大自然的熱情，以及喜歡引用農夫、生態學家、詩人的話，讓他聽起來像個神職人員。

他對於常識的挑戰態度讓我想起了另一個截然不同的產業裡一位叛逆的領導人。

在其他教練魯莽地不顧及運動員的健康時，廣受敬重、爭強好勝的聖安東尼奧馬刺隊（San Antonio Spurs）總教練格雷格·波波維奇（Gregg Popovich）卻擁有遠見。專業籃球員和球迷都知道，波波維奇是美國史上最成功的球隊領導人之一。從一九九九年起，他帶領的球隊總共拿下五次ＮＢＡ冠軍，馬刺隊也在二〇一八年創下連續二十一年打進ＮＢＡ季後賽的紀錄。

波波維奇開創了讓明星球員退出比賽去休息，以防止之後受傷的這種做法。二〇一二年一場在黃金時段進行全國轉播的與邁阿密熱火隊的比賽當中，他讓四位明星球員下去休息，因為他認為他們已經連續打很多場了。

他的球隊因此被NBA罰了二十五萬美元，波波維奇也受到來自各界的批評，認為他剝奪了球迷觀看最喜愛的球員上場比賽的權利。芝加哥、洛杉磯、克里夫蘭的球隊遵守的市場規則就是要讓你的明星球員在黃金時段的比賽上場，無論後果將會如何。

「五三八」(FiveThirtyEight)是一個由選舉專家奈特・席佛(Nate Silver)建立的以數據分析為主的新聞網站。根據網站的體育作家陶德・懷特海德(Todd Whitehead)的計算，二〇一七年波波維奇讓健康的球員整場比賽都在休息的次數是其他教練或球隊的兩倍。然而，近幾年來這種做法才終於得到理解，其他NBA球隊發現即使這樣會留下不良紀錄，讓重要球員在主要賽季休息仍然是個明智的做法。好處在於，這樣球員更有可能撐完整場季後賽，始終保持在最佳健康狀態、不受傷。現在有越來越多人跟進。懷特海德表示，在常規賽中積極讓明星球員休息的這種做法與同一年該隊獲得NBA冠軍有關，至少以最新的兩支冠軍隊伍來說是這樣。

某方面來說，波波維奇就像是對著這個產業裡短視近利的人們豎起了中指。因為有了獲勝紀錄、球員的支持、其他球隊老闆和教練的欣賞，他無須為此承擔後果。沒有任何一位理智的粉絲、球隊老闆或球隊總經理，會要求開除波波維奇這種經常引導球隊獲勝的教練。我們需要有更多大膽的領導人在其他體育領域捍衛遠見，而他們也必須受到敬重，這樣才能引起潮流。

傑克森土地研究所的科學家團隊和合作夥伴在學習草原的古代技術時，應用了過去十年發展出來的極為複雜的計算及基因技術。DNA定序讓研究人員可以快速地從數千種植物中挑選出二十種擁有他們想要保留到下一代的特徵的植物。研究人員建立了一個資料庫，保存著他們培育出的每一代作物的種子，這樣就不會在培育的過程中永久失去某一項重要特徵。他們也利用了多年生植物生長季比較長的這個優點，因為有較多時間，每年植物可以長出更深的根，也能生產出許多可以收成的種子。

要讓多年生穀物實際生產，傑克森還得克服農夫可能不願意為了一種未知的穀物而冒險，以及擔心沒人願意購買這種產品的恐懼。土地研究所及明尼蘇達大學的研究人員已經和二十位農夫達成交易，讓他們種植用來代替小麥的多年生穀物。他們說服農夫的方式是保證買家願意付較多的費用購買多年生穀物，此外還有戶外服飾品牌巴塔哥尼亞，他們將使用這種多年生穀物來釀造啤酒「長根愛爾」（Long Root Ale），在美國西岸的各種商店販售。通用磨坊（General Mills）計畫使用全新的多年生穀物來製作穀片。在中國，已經有農夫在數千英畝的農田裡種下多年生稻米。

多年生穀物實驗還在進行當中，現在由其他科學家繼承了傑克森的願景（他在二〇一六年從土地研究所退休，並創設了他認為可以推動環境保護的大學課程）。傑克森的繼任者目前正在研究各種多年生作物如何忍受高溫和乾旱，包含羅盤草（silphium），可代替向日葵榨油。他們希望為農夫提供更加適合炎熱氣候的選擇。

我跟著傑克森在田野參觀了兩天，用大量的問題轟炸他，之後我們回到他的辦公室，經歷了一場大火之後利用一些回收的電線桿重建的辦公室。牆上掛著一張黑白照片，就在地圖和雜亂地塞著紙張及書本的架子旁邊，照片是傑克森的親戚位於南達科塔州的農場，傑克森十六歲時在那裡待了一個夏天，和一名蘇族（Sioux）印地安青少年一起追蹤老鷹。

多年生穀物所踏出的這一小步向我們展現了可能性，雖然我們還不知道它能在農業產業裡普及到什麼程度。現在仍有許多工業化農場透過一些不計後果的決定獲得報酬，後果也還沒有顯現出來。然而，我認為無論多年生穀物未來會不會成為主流，這背後的策略都是大有前途的，傑克森想出一個方法，成功解決難以平衡的短期和長期考量。

傑克森的做法是讓可以長久持續的東西在短期內就出現回報，好讓商人選擇對自己和社會的未來有幫助的選項。提升每年產量、保證立刻有買家願意購買，並提出研究案例證明多年生穀物在立即的威脅面前還是可以生長得更茂盛，這樣就可以更容易說服農夫改為種植多年生穀物，並維持下去。這讓我想起了第三章中提到的，信用合作社推出的樂透，吸引人們為了自己的未來儲蓄。這還讓我想起我在朋友第一次跑馬拉松時向他投擲亮粉炸彈，也就是在他經過重要里程數時向他撒亮粉，鼓勵他繼續努力下去。

這樣的策略可以應用在更大的規模。新幾內亞島上的文明延續了七千年，即使經歷嚴重的濫砍濫伐和氣候變遷，他們仍然可以農耕，因為當地的人喜歡種植生長快速的木麻黃（casuarina）。這種樹可以幫助土壤留住氮和碳，使土壤更加肥沃，並減少必須休耕使土地回復、重新作為田地或花園使用的時間。賈德．戴蒙注意到島上的居民就像現在種植多年生穀物的農夫一樣，種植木麻黃可以獲得短期回報，它可以作為木材和燃料使用，種在花園裡也可以形成美麗的造景，風吹過枝葉時會發出悅耳的聲音。這種樹能提供立即的好處，但同時也支持這個文明維持了數千年。

二○一七年在日本，我與豐田汽車的一位主管見了面。豐田汽車是全球銷售量最高的汽車製造商之一。這間公司大約在一九三三年由豐田喜一郎創立，他是一名自動紡織機發明家的兒子。

這名主管在豐田工作了將近二十八年，他很擅長引述科幻小說作者的話，而且很顯然地不遵守公司的公關策略。他喜歡說豐田PRIUS是「第一部由愧疚驅動的汽車」。我詢問他，為何即使無法在第一代產品推出市場時就回收成本，豐田仍然繼續投資混合動力車或氫動力汽車的新技術？PRIUS就是這個情況。採用新技術的車輛通常需要等到推出好幾代之後才能得到收益。我猜想「日本人都是深思熟慮者」這種刻板印象或許有幾分真實，有關這家公司的創立一直存在這種神話。

然而，那位主管告訴我，公司決定要投資這些長期計畫，其實是會有更加實際的短期好處。公司會將長期計畫研發過程中所獲得的知識——新材料或新製程（例如讓車身變得更加堅固的技術）應用在目前銷售量最高的車款上，以此提升效能或降低製造成本。換句話說，他們找到一種方法可以獲得立即回報，讓公司領導人和投資人覺得他們為了未來產品所做出的犧牲在當下看起來是值得的。他們運用知識獲得快速成果，同時又堅持不懈地製作高風險產品，也許高風險產品最終會像PRIUS一樣在小眾市場中成為受歡迎的品牌。在日本，豐田是愛國企業之冠，現在他們所售出的汽車中有半數都是混合動力車。

就像結合樂透與儲蓄，或種植年產量高的多年生穀物，這種策略就是要創造短期回報，讓公司願意選擇做未來會有長期回報的事。Seva Mandir是印度拉賈斯坦（Rajasthan）的一個非營利組織，他們會在父母無法讓孩子注射疫苗的地區派發兒童疫苗。麻省理工學院Abdul Latif Jameel 貧困行動實驗室（Abdul Latif Jameel Poverty Action Lab）的研究人員發現，如果組織發送小袋裝的扁豆給父母，他們就更願意帶孩子來打疫苗。這種策略反而可以幫組織省錢，因為無論來打疫苗的孩童是多或少，每個站點的工作人員數量都是相同的，發送扁豆讓更多孩童來打疫苗，效率就更高。

亮粉策略是否能吸引投資人看見立即利益以外的東西，這仍然是個開放式的問題。羅聞全（Andrew Lo）是麻省理工學院史隆管理學院（Sloan School of Management）教授，曾設立對沖基金公司，他認為這樣的策略可以應用在生物醫學研究方面，這個領域需要投資人具有耐心並對風險有高忍受度。

二〇〇〇年代，羅聞全的母親得了肺癌。他和一間生技公司的主管見面，那間公司有一種他認為也許可以救治母親的實驗性藥物。結果藥沒有效，他的母親過世了，而他有另外五位親戚朋友也在五年內死於癌症。

從尼克森總統向癌症宣戰以來，到現在已經過了四十年。雖然有些癌症已經證明可以治癒，但大多數還是無法治療。化療和放射治療在某些患者身上是有用的，但仍然會帶來很痛苦的副作用。只有極少數的癌症有副作用很小的治療方式。

羅聞全詢問他拜訪的那間公司的科學主任，籌措資金是否會對公司開發癌症解藥的研究議程產生影響。羅聞全表示，那位主任回答說資金主導著公司的研究議程，而不是科學問題或患者需求。對羅聞全來說，這聽起來完全是本末倒置。身為金融工程方面的專家，他決定要善用自己的憤怒和悲傷，為生物醫學研究及藥物研發尋找更好的籌資方式。

他很快觀察到在醫學研究的專家之間有一件眾所皆知的事：尋找癌症或其他疾病的新療法必須花費大量經費，也需要很長一段時間才能獲得回報——如果有回報的話。最終研發出某種特定癌症療法的研究都很昂貴且高風險，失敗的機率遠遠高於成功。一種藥物從研發到上市、作為一種療法來銷售，也許需要十到二十年，花費超過二十億美元。可能成為癌症解藥的藥物當中只有大約七％能從最初的研究階段進展到政府允許使用。越來越多人測試這些療法，就有越多可能導致失敗的因素。

當然，如果癌症或任何嚴重疾病的療法進展順利，成果將會非常好——無論是以收益的角度還是以病人和家人的角度來說。但是大多數的藥物都失敗了，並消耗了許多年的時間以及數億美元的資金。就像足球一樣，需要有許多次射正，才能達到一次射門。大多數的投資人比較想把資金押在低風險、有把握的賭注上，或者是有可能快速出現高報酬的投資，例如科技新創產業。因此，沒有足夠的資金可以用來研究如何治癒我們這個時代最重大的疾病。

羅聞全想出一個他認為可以解決問題的方法。他提出讓生物醫學專家和金融專家合作，創立巨型基金，將尋找癌症療法的長期計畫和可以短期產生收益的投資結合在一起，例如購買即將上市藥品的專利。前者通常是由只願意投資可確信事物的投資人來投資，可以從已經跨越重重困難的專利藥那裡獲得專利收入。後者通常是由可接受風險的專家經營的小規模創投資金，並且十分了解一家生技公司的技術背景，可以有根據地押注這間公司會創造出有效的療法。

投入長期計畫的資金會因為大多數投資人缺乏專業知識和耐心而受到限制。近幾年來，研究變得更加複雜、風險更大了。同時，科技新創可以很快地展現出成果，又能產生爆炸性的報酬，對於創投來說是更有吸引力的選擇。

羅聞全的想法就是結合這兩種投資，創造一個多樣化的資產組合，包含了高風險的長期投資，以及低風險、短期可獲得報酬的投資。長期投資會運用在尋找不同途徑治療癌症的計畫上，例如阻止腫瘤的血管新生、幹細胞療法、免疫療法等，而不是將所有賭注都押在單一方法。羅聞全預估，將高風險和低風險的投資結合在一起，就可以為投資生物技術研究的企業減少很多的風險，也就可以運用更多的資金來尋找治療疾病的方法了。他的模型顯示出，如果謹慎管理，將一份五十億至一百五十億的巨型基金投資在不同的計畫，每個計畫的成功機率都是獨立、不互相影響的，為股票及債券持有者產生誘人的報酬。

雖然目前還沒有推出大型的巨型基金，但是羅聞全的想法已逐漸開始受到重視。瑞士銀行（ＵＢＳ）已經推出規模較小（四億七千萬美元）的腫瘤學影響力基金（Oncology Impact Fund）。另外，羅聞全還設立了私人控股企業，將他的投資策略付諸實踐，投資罕見遺傳疾病、阿茲海默症，以及乳癌藥物的早期研究階段。接下來的幾年就能證明他的想法實際上是否可行。

想要建立有效的巨型基金，一大障礙是必須要有廣泛且深度的生技專家，同時也要對金融工程有高度的理解。羅聞全的策略，也就是發行債券作為投資基金庫，可能會讓投資人無法看見風險。至少以架構來說，這類似於成為二〇〇八年金融危機核心的抵押擔保債券。羅聞全的研究擔保債券必須根據它們的實際風險獲得信用評等，這一點羅聞全並不否認。此外，這種投資方式還必須長期小心謹慎地管理，以避免重蹈現在製藥業以及投資人的覆轍，只尋求低風險的產品，而不是在難以治療的疾病上追求突破。

一個組織必須做的事情之中，也許不是每一件事都能創造短期回報，或想出亮粉炸彈策略，但還是有可能創造出某種關於未來的誘人幻想，讓現代人產生動力。事實上這就是帝莫西·弗拉奇利用樂透型儲蓄所做的事。並不是每個透過這種方式儲蓄的人都能中獎，但大多數人都因為期望中獎而為自己的未來做出明智的選擇，否則他們幾乎都無法掌控當下的自己。

吸引人們來到拉斯維加斯、將所有的錢都花在俄羅斯輪盤或拉霸機上的，是讓我們以為自己也許可以變成富翁的幻覺。你從麥卡倫國際機場（McCarran International Airport）的停機坪上就能遠遠看見拉斯維加斯大道上的賭場，就像在吸引你去征服它。紐約帝國大廈及克萊斯勒大廈的仿製品既像在嘲笑又像在致敬本尊。曼德勒海灣（Mandalay Bay）度假村在沙漠的陽光下閃耀，像一件縫滿亮片的禮服。只要瞄一眼這座城市，就會產生你可以重生、瞬間致富、越界的錯覺。

就像專業撲克玩家的次文化可以啟發我們該如何抗拒立即滿足一樣，拉斯維加斯和賭場的設計也有很多值得學習之處，例如它營造幻覺的方式——像魔術師從帽子裡抓出兔子一樣。

人類創造性的歷史功績也是來自於一種類似拉斯維加斯幻象的策略。

一九一九年，法裔美國飯店老闆雷蒙·奧泰格（Raymond Orteig）設置了一項獎金，鼓勵人們完成一口氣飛越大西洋的壯舉，從紐約飛到巴黎。沒有人成功過，八年來有許多人為了追求這項獎金嘗到了無數次的失敗，包含死亡墜機事故。二萬五千美元的奧泰格獎發出一項至今尚未有人克服的挑戰，就好像堆起一座山，吸引愛冒險的登山者。沒有人知道自己能否成功，但他們還是去嘗試了，自行承擔風險和花費。

一九二七年，查爾斯・林白（Charles Lindbergh）獨自駕駛著聖路易斯精神號（*The Spirit of St. Louis*）成功飛越大西洋，贏得獎金，他立刻成為揚名全球的英雄，在那之後不久，飛越大西洋的航空業開始蓬勃發展。

不過，利用獎金競爭來激發大眾的想像力這個做法可以追溯到更久之前。一七一四年，牛頓和英國皇室設立了經度獎（Longitude Prize），獎金為二萬英鎊，目的是提升海軍導航技術。當時船長們在海上可以利用太陽或北極星來計算緯度，卻沒有一種可靠的方式來計算經度，也就是無法明確知道目前位置與出發地點的東向或西向距離。船會很容易擱淺、撞上礁石，導致船員落海。

一位名叫約翰・哈里森（John Harrison）的鐘錶匠解決了這個問題，他發明了航海鐘（marine chronometer）的原型，可以透過時間來精準地計算距離，震驚了當時的科學界。牛頓本來預期的是研究星體的天文學家獲勝。哈里森花了四十幾年研究出數種不同原型，花費的成本遠遠超出他能負擔的。（英國皇室有發給他微薄的獎金，這就像是在長跑的途中收到亮粉炸彈。）

十八世紀晚期，拿破崙政府提供一萬二千法郎的獎金，希望人們發明軍隊在荒地行軍時方便攜帶的食物保存方法，這促成了現代的罐裝食品技術。甜點師傅尼古拉・阿佩爾（Nicolas Appert）獲得了這筆獎金，他花了十四年想出解決方法——把食物煮沸後密封在香檳瓶裡。

數十年來，慈善組織、企業、政府單位時常使用獎金競賽來吸引人們對於艱難任務的注意力與創造力。就像是從停機坪看見拉斯維加斯一樣，獎金刺激著人們想像自己成為贏家。鉅額現金獎項及公開表揚讓人們有競爭的動力。舉例來說，一千萬美元獎金的安薩里X大獎（Ansari X Prize），要求私人（非政府）出資發射載人太空飛行器進入低軌道。獎金出資者所想像的私人太空旅行一直以來都被認為太過危險，但是獎金使人著迷，並幫助人們想像如果獲勝了會怎麼樣。八年後，在來自七個國家的二十六個團隊競爭之中，有一個團隊成功了。二〇〇四年，美國隊伍莫哈維航空企業（Mojave Aerospace Ventures）所發射的「太空船一號」（SpaceShipOne）開啟了價值數十億美元的私人太空旅行產業。獎項啟發了發明家，讓他們想像出可能性。

同一年，美國國防高等研究計畫署（DARPA）舉辦了另一種競賽——橫越莫哈維沙漠（Mojave Desert）的無人自動駕駛車輛挑戰賽，獎金為一百萬美元。美國國防高等研究計畫署是美國國防部底下負責做實驗性研究的單位，他們設立了這項挑戰，以吸引人們發展出能運用於地面作戰的自動駕駛技術。這個比賽讓發明家開始動手製作，並召集各種不同的領域的技術專家。賽巴斯蒂安・特倫（Sebastian Thrun）領導Google成功創造出自動駕駛車，他在二〇一七年如此形容這項競賽：「一開始如果沒有這項挑戰賽，現在根本不可能發展出自動駕駛——它創造出一個全新的社群。」

我們也許可以更加廣泛地運用獎金這種做法，以吸引企業、政府和慈善團體投資支持那些暫時沒有市場需求但未來可能會對某個產業或整個社會有所幫助的研究與發明。組織可以在內部使用這種方法，吸引員工解決問題，或者在外部使用這種方法，吸引新鮮的想法來解決老問題。舉例來說，有人嘗試利用獎金來吸引鄉村地區的人們使用太陽能，或者發明可診斷使全球貧窮人口困擾的疾病的工具。

但對於太過複雜，或者即使長期看來也不太可能會有高經濟報酬的問題來說，獎金並不是那麼有用，而且獎金也無法讓我們超越自己的想像力——在探索的過程中所發現的驚喜意外。對於這些，我們必須不斷保持對於未知的好奇。

第三部

社群與社會

COMMUNITIES
AND SOCIETY

第七章
水深火熱
——預防的政治學

蒙特蘇馬前往惠茲蘭會晤他們時，他賜予科爾特斯禮物；他送他鮮花，在他脖子戴上項鍊；他把花環掛在他身上，並把花圈戴在他頭上。

——貝爾納迪諾·德薩阿貢（bernardino de sahagún）記載阿茲特克皇帝一五一九年會見征服者埃爾南·科爾特斯（Hernán Cortés）

即便是巨人也會倒下。

由中美洲馬雅到復活節島殖民地到古羅馬帝國，歷史上的文明都曾由高處崩落。如同我們人生中經歷的自我破壞模式，整個社會亦未能就毀滅的警訊採取行動，直到為時已晚。

然而，這種失敗並非無可避免。賈德·戴蒙指出，過去曾面臨生存威脅的社會得以倖存，是因為具有共同價值、明智的社會習俗和謹慎的政府政策。研究過千年來維持興盛的文明，包括格陵蘭因紐特人社會，日本德川幕府及新幾內亞島原住民，戴蒙發現他們得以存續係因擁有文化慣例及強力機構。許多社會創造了世代間傳遞資源與知識的方式。而今在現代社會，普遍的慣例卻讓我們無法注意到警訊。可是，我們可以選擇智慧，而不是莽撞。

「他們沒有拿槍抵在你頭上，是吧？」原告律師在交叉質詢證人時，語帶諷刺地問。

「實際上沒有。」姬特．史密斯（Kit Smith）回答。

其實，太陽穴上被抵了一把槍，很符合她在那段時間的感受，也就是她被傳喚為案件作證的十三年前。當時，她擔任南卡羅萊納州州政府哥倫比亞市所在地，里奇蘭郡的議會議長。該議會由十一名民選議員組成，負責監督該郡的土地使用決策。一九九九年，一群重量級投資者要求她和議會快速通過一項房地產開發案。這群投資人成立名為哥倫比亞合資（Columbia Venture）的公司，提議在州府南方的一大片土地，斥資十億美元興建一座「城中城」。那塊土地位於康加里河（Congaree River）沿岸，在土築堤防後方的一片歷史性氾濫平原。在他們通過土地開發案之前，投資者要求里奇蘭郡保證，萬一堤防潰決，郡政府必須負起責任。

哥倫比亞市位在布洛德河與沙路達河等兩條河流匯流處，合流之後成為康加里河。康加里河的河岸都是密布落羽松、水紫樹、梣樹和橡樹的沼澤，由哥倫比亞市的東方與南方一路延伸到康加里國家公園。以前逃亡的奴隸會躲藏在氾濫平原上被糾結樹林環繞的逃亡黑奴聚集地。在禁酒令（Prohibition）時期，私釀者把他們的私釀酒藏在康加里河邊。這裡仍保有大片土地，以前是蓄奴的種植園，如今則是私人狩獵俱樂部和莊園。

在哥倫比亞市與康加里國家公園之間，跨越七十七號州際公路，便是哥倫比亞合資公司「綠鑽石」開發案的四千四百英畝土地。康加里河的支流吉爾斯溪，整條溪邊都築有水壩，由鄰近的傑克森堡貫穿這塊土地。好幾個世代以來，這片土地屬於一個農耕家族。在開發案提出時，一部分土地有在耕種，其餘則大都杳無人跡，除了偶爾在清晨有獵人帶著槍或一壺威士忌經過。人工農業堤防阻攔了河流，然而這片田野像個巨大水盆，時常積水不退。在氾濫平原上，靠近開發區附近，有該市的污水處理廠和一所聖公會小學，學校體育館和餐廳建在數英尺高的混凝土磚塊上。在綠鑽石開發案的土地，下水道人孔蓋不是平躺在地面，而是在高出積水地面十多英尺的鐵塔上。

起初，綠鑽石似乎勢在必行。一九九八年夏天，這個案子被提出來時，哥倫比亞市與里奇蘭郡官員熱切期盼新開發案。他們對這項開發案可望創造更多就業與稅收表達歡迎之意。許多人希望鄰近公路的綠鑽石可以引進企業，為當地偏鄉農村社區帶來更好的住房與基礎建設，那裡大多為貧窮黑人居民。

史密斯認為，綠鑽石的初期構想似乎是當地的一項福音。這項開發案允諾將創造二萬份工作，打造一個大型住商社區，包括一個科技園區、高球場、折扣購物商場、養生村、醫療設施、飯店餐廳和數百戶獨棟及複合住宅。美國住房危機要等到十年後才會發生，全世界也尚未見識到卡崔娜颶風摧毀一整個城市，數千人將因堤防潰決而被淹死。

哥倫比亞合資公司延攬跨黨派重量級政客為綠鑽石案遊說。該公司聘用民主黨全國委員會前任主席。為了影響氾濫平原的土地重劃，還拜會美國聯邦緊急事務管理署（FEMA）總顧問麥克．布朗（Mike Brown）。這個人後來被小布希總統任命為署長。

一九九九年初，當開發商對議會施壓要求迅速通過開發案時，史密斯開始產生疑慮。不久前，她才知道開發商要求郡政府為堤防安全掛保證，並且要求郡政府發行八千萬美元的收益債券。哥倫比亞市並不像沿岸城市那樣習慣開發洪水氾濫區或者修築堤防。然而，史密斯感受到必須通過開發案的壓力。財力雄厚的開發商、其他郡議會議員和公眾支持，構成盡速通過該發開案的龐大輿論壓力。

綠鑽石其實對當地社區造成嚴重危險。在哥倫比亞合資公司著手買進康加里河沿岸的大片土地之前，調查全美氾濫平原以供保險及計畫用途的上述政府機構，發布一項該地區的新地圖。地圖顯示，綠鑽石有七成的物業位於疏洪道，屬於氾濫平原最危險的部分，在洪水時不僅水位達到最高，流速也最為湍急。休士頓與紐奧良等位在疏洪道上的海岸社區，在強烈暴風雨時被大水淹沒房屋、汽車，許多人的親友鄰居都被淹死。

美國聯邦緊急事務管理署每五年修訂全國地圖，以反映水災風險的新資訊。由於都市不斷擴建，水災發生的機率與損失也隨之升高。房屋與道路開發限縮了河流滿溢到天然氾濫平原的空間，就像水杯裡丟進了石子，暴風雨時洪水水位更為升高。

地方社區可以選擇在開發決策時是否遵守全國洪水地圖。但是，想要參加全國洪水保險計畫（為房屋所有人承保與補貼）的社區，以及符合聯邦災難救助的社區，則一定要遵守。二〇一六年，全國洪水保險計畫積欠美國財政部兩百多億美元，因為災難救助金額高於保費收入，包括墨西哥灣岸的卡崔娜颶風和東北的珊迪颶風。二〇一七年哈維、艾瑪與瑪莉亞颶風相繼來襲，這項計畫為了支付救助金而達到借款上限。

新聞記者瑪莉·威廉斯·沃許（Mary Williams Walsh）報導，德州史普林（Spring）一棟房屋歷經十九度修繕，洪水計畫與美國納稅人為此付出九十一萬二千七百三十二美元，即便該棟房屋在二〇一七年僅價值四萬二千零二十四美元。它是數萬棟一再淹水的「嚴重重複性損失房地產」之一。國會試圖於二〇一二年調高水災保險保費以反映災難救助費用增加，許多海岸居民強力反對。由於全國各地不斷在高風險氾濫平原興建房屋與公司，該項計畫的債務持續增加。想像一下，如果政府同樣不鼓勵人們在行駛高速公路時繫安全帶，會是什麼下場。

然而，並不是所有的政策都如此疏忽。美國聯邦緊急事務管理署要求社區不得允許可能造成疏洪道上洪水水位升高的建築。美國一千三百多個社區主動實施更為謹慎的計畫。經歷一九八〇年代的毀滅性水災之後，過去三十年來奧克拉荷馬州的杜爾沙（Tulsa）已清除疏洪道上近一千棟建築，由市府買回住宅與公司。西雅圖所在地，華盛頓州國王郡，把十萬英畝以上的氾濫平原維持為自然開放空間。美國聯邦緊急事務管理署提供這些社區居民較低的水災保險費率，鼓勵更多社區採行類似做法來防範洪水。可是，社區往往要經歷災難之後才會採取這種行動，例如科羅拉多州的科林斯堡（Fort Collins）一九九七年夏季發生又快又急的水災，該市才禁止疏洪道上的新開發案。

一九九四年，南卡羅萊納州里奇蘭郡採取了預防措施，但不是在急難關頭之下。和柯林斯堡一樣，該郡透過當地暴雨條例，禁止開發最危險的區域，亦即指定的疏洪道。這項措施日後降低了當地民眾的水災保險費率。我所訪談的當地官員認為此舉亦保護了居民與救難人員，讓他們不必在暴風雨之中前去救災。

綠鑽石的土地有七成位於疏洪道，而當地法規不允許興建，這項計畫背後的有力開發商想要迴避這個問題。該公司要求里奇蘭郡放寬或取消法規。以前，該郡曾核准人們申請在疏洪道上興建船塢或碼頭，但從未接獲申請在疏洪道興建數千人居住、價值數百萬美元的商業房地產與住宅。開發商使出的另一項伎倆是遊說美國聯邦緊急事務管理署修改地圖，不再顯示該開發案大多數土地位在氾濫平原的最高風險地區。

被要求同意開發案時，史密斯感到不安，於是打電話給南卡羅萊納州氾濫平原協調官員麗莎·霍蘭（現已改姓沙拉德）。她告訴史密斯，在那個地方興建住宅與養生村將使數千人置身於危險，萬一堤防崩潰，代價將極為慘重。

政府洪水地圖的繪製係依據歷年洪水、都市基礎建設的發展，以及河流地形長期的改變。美國聯邦緊急事務管理署關切的焦點是這片百年氾濫平原，該地區發生洪水的機率理論上只有一%。

一九二九年十月，就在股市崩盤造成大蕭條前夕，兩個熱帶風暴侵襲南卡羅萊納州。紀錄顯示，康加里河在哥倫比亞市達到一五二英尺的洪水水位，沖毀支流的橋梁，造成公路、工廠和水力發電廠封閉數日。

沙拉德向史密斯表示，綠鑽石開發案將升高康加里氾濫平原的洪水與災難風險。開發案將使氾濫平原的自然景觀上出現更多建物與道路。氣候暖化預料將為美國南方帶來更多雨水及更強烈的水災。洪水地圖並未顯示這點，因為它是依據過去而不是未來的洪水風險。沙拉德認為，每個人都低估了在那片氾濫平原上開發的危險。

長期而言，對於面臨天災高風險的社區，謹慎是有好處的。例如，華頓商學院經濟學教授康路瑟二〇〇九年計算，如果佛羅里達州、紐約州、南卡羅萊納州和德州修訂住宅建物法規，將現今標準套用在老舊建物，便可減少數百億美元的颶風損失。二〇一七年一份美國政府委託進行的報告指出，人民、社區及政府每花一美元來預防地震、水災和颶風，便可節省六美元的災後重建。許多災難專家認為，社區與社會其實可以省更多，甚至每花一美元可節省十一美元，假如他們明智地建設及保護居民與財產，因為氣候暖化之下，天災所造成的損失已越來越高。

可惜，大多數社區的決策並不是清醒地計算現在與未來成本作為依據。眼前的報酬等各種干擾因素，促使政治領導人、甚至整體社會忽視未來。

社區與社會衡量進步的方式，往往助長短視決策，並且模糊天災造成的傷害。二十世紀中葉以來，國內生產毛額（GDP）便成為評估一個國家福祉的主要方式。然而，認為GDP可以衡量一國真正福祉，卻是一種謬論。

當一個國家追求經濟短暫成長而摧毀自然資源，並走向社會不安，這個指標尤其顯得不足。如此一來，GDP成長率反而隱藏了一個國家正走在魯莽的道路。諾貝爾經濟學獎得主約瑟夫・史迪格里茲（Joseph Stiglitz）與阿馬蒂亞・沈恩（Amartya Sen）舉了一個窮國的例子，該國在發放採礦租約給企業時，既未取得足夠的權利金，也沒有立法防範空氣及水污染造成的健康危害。GDP或許成長了，但是該國與人民的福祉卻衰退了。交通阻塞增加汽油消耗量，或許提升了GDP，但在同時人民生活品質卻惡化了，壓力增強，健康也受到傷害。因為重建支出，毀滅性的地震或颶風在災後反而會提升一國的GDP，即便它們造成永久的人類與經濟傷害。這種短暫的拉抬在全球各地的天災之後都可以看到。

沈恩與史迪格里茲指出，即便是人均GDP這個常用來評估人民所得的指標，也掩飾了一個國家的不平等。例如，由一九九九年到二〇〇八年，美國人均GDP不斷成長，儘管大多數人在那段時期的所得經過通膨調整是減少的。事後來看，我們得知金融危機前夕，所得不均變得更為嚴重，即使整體所得水準是在提高。

戴蒙寫道，以前的社會在達到勢力與規模的高峰之後不久，便急速崩潰。為何那些文明的人民感到意外呢？一個主要理由是，急速衰頹的徵兆，例如重要資源耗竭，被資源數量的短期波動給遮蔽了。這就好比數十年來，發明新抗生素這種暫時解決方法，遮蔽了超級細菌的崛起，以及計程車司機只想達成每日目標，即使會錯失他們的年度目標。這是只盯著汽車儀表板的下場。戴蒙寫到以前復活節島的居民可能一直沒有注意到砍伐森林這個長期趨勢，以致他們興盛的文明在十八世紀滅亡。他認，每年林地面積的改變幾乎難以察覺，光禿土地冒出來的新生樹苗掩蓋了濫伐森林的大趨勢。整個社區與社會都可能被儀表板上的單一指標給矇騙。

喬治梅森大學經濟學家泰勒．柯文（Tyler Cowen）指出，GDP不能表達一國福祉的重要層面，包括健康、環境舒適與資源、休閒時間，以及無法買賣的家庭勞務，例如照顧老人與小孩。它只能表達每年買賣的商品與服務。

柯文倡議用「財富加值」（wealth plus）的指標來取代GDP，並且全面反映促進人類與社會福祉的因素。然而，照護家人、財富平均分配、環保與休閒時間，並不像販售製造品的數量可以直接計算。由於很難計算此類數據，便無法找出更好的指標來取代GDP。以沈恩與史迪格里茲的觀點來看，任何單一目標都無法完全表達社會中應被衡量的事物。我也認為，我們應該利用數個指標，甚至設法完全擺脫數據目標，以對社會趨勢提出更為深入的問題。

社區與社會未能對未來災難充分發揮遠見的另一原因是，未來的報酬往往無法滿足現今的政治。候選人與民選官員因應已發生的危機而獲得稱讚，而不是因為採取低調措施來避免危機。九一一世貿中心恐攻使得紐約市長魯迪·朱利安尼（Rudy Giuliani）登上《時代》（*Time*）雜誌「年度風雲人物」，並且讓他站上全國舞台。假如他可以在一開始便阻止這項攻擊，很可能沒有多少人會注意到。

當然，部分理由是大多數人不明白美國九一一恐攻的可怕，直到他們親身經歷。社區與社會領導人，以及選民，都無法想像未來，就像我們無法想像自己的老年或者下一趟露營旅行。雖然我們無法預測一切，有些風險是顯而易見，應當被注意到。

在我的工作中，無法想像未來就像惡夢般不斷出現。二〇一四年底，我和一群醫師、科學家與政策專家，在伊波拉疫情期間在波士頓開會。當時美國輿論對於這種致命病毒的憂慮達到頂點，伊波拉由西非蔓延開來，德州與紐澤西州出現一些零星病例。那波疫情造成全球上萬人喪命，其中大多是在賴比瑞亞、獅子山與幾內亞。

那個醫師與專家小組的任務是提出因應危機的方法，以呈報給白宮。我不禁感到挫折的是，我們竟然會陷入這種混亂。西非爆發疫情八個月之後，世界衛生組織（WHO）才將之列為全球緊急事件，這項發布促使各國採取積極行動來阻止疫情。在那幾個月之間，如果採取更強力的回應來控制與治療病例，或許便能預防伊波拉疫情的最嚴重後果。直到上千人死亡，疫情迅速跨國境擴散之後，世衛組織才發布這是全球緊急事件。

美聯社後來公布的電子郵件顯示，早在發布之前數個月，官員們便知道疫情的危險與規模，無國界醫生（Doctors Without Borders）這個在戰亂與偏遠地區提供醫療服務的非營利組織並已警告疫情規模。然而，世衛組織負責人不敢宣布緊急事件，唯恐對疫情重災區的國家造成經濟損害。二〇一五年，明尼蘇達大學流行病學家麥可．歐斯特宏（Michael Osterholm）形容，世衛組織這項藉口就像是數棟房子失火了，卻不打電話給消防隊，「因為你擔心消防車會對鄰居造成困擾」。

結果，西非國家遭受的性命與經濟損失遠高於任何干預措施所可能造成的影響。各界承諾的人道援助金額達數十億美元，賴比瑞亞經濟瀕臨崩潰，航空產業在爆發疫情的那年損失數百萬美元。數千人悲慘無助地死去。可是，這種結果並非無法想見。在疫情出現時，擁有流行病研究工具與過往疫情紀錄的專家及世界領導人應該都可以想到的。然而，疫情後果超出他們的想像範圍。他們關心的是眼前的問題，不論多麼無關緊要。

歷史學者芭芭拉．塔克曼（Barbara Tuchman）將之稱為愚政，導致國家發動必輸無疑的戰爭而使強盛帝國毀滅，如同一個社會未能依照領導者當時的智慧去行動，即使他們有可行的替代方案，而且沒有獨攬大權的暴君。塔克曼舉例說，特洛伊城接受木馬，蒙特蘇馬賜予科爾特斯禮物，美國入侵越南，都是「愚政進行曲」（marches of folly）。每個時代的社會及領導者都有更好的智慧，卻做出無知的行動。在我看來，伊波拉疫情的因應正符合這種模式。

哥倫比亞合資公司的大股東及執行合夥人是南卡羅萊納州一家傳奇性企業布洛斯查平（Burroughs & Chapin），設於海岸邊的霍里郡。布洛斯查平建設了現代的美特爾海灘（Myrtle Beach），包括高球場、海濱度假村、購物中心和遊樂園。

美特爾海灘由偏鄉地區變身為度假勝地，是十九世紀企業家富蘭克林．布洛斯（Franklin G. Burroughs）的傑作。他來自河畔小鎮康威，距離海邊僅十五英里，布洛斯靠著生產焦油、瀝青及松節油用的松樹樹液而起家。在擴大事業的同時，他明白購買海岸土地來種樹比承租更加便宜，因為那個時代該地區鹽分過高不適合農耕，所以地價很低。等到他在一八九七年過世時，他已擁有現今美特爾海灘的大多數土地。他在死前跟兒子們訴說他想把那片土地開發為美麗海濱勝地的未實現夢想。

布洛斯的兒子們在二十世初成立一家土地控股公司，開始把海邊土地出租給飯店和度假村開發商。他們以每塊土地二十五美元的驚人高價，把土地賣給後來的居民。該家族堅持父親的遺志，興建通往海灘的公共道路，而沒有把所有土地都賣給可能阻斷通道的住宅物業所有人。不過，開發的程度仍超過布洛斯的想像；現在的美特爾海灘像是大雜燴，有卡丁車賽車場、超大型電子菸商店、脫衣舞俱樂部、粉色旅館大樓、機車酒吧和豪華私人俱樂部。夏季人滿為患，海濱溼地被填平以容納旺季時的車輛。

後來的布洛斯查平公司為了博得霍里郡居民的好感，當教友們想要興建一座新的聖公會教堂，以及美特爾市決定蓋一座美術館時，該公司都捐贈了土地。該家族的勢力遍及南卡羅萊納州這片海岸。大約二十年間，我時常到該郡的府城康威市去拜訪好友，住在那裡，你一定會認識姓布洛斯的人，以及聽聞這個家族的善舉。

蘇珊・霍佛・麥米蘭（Susan Hoffer McMillan）是霍里郡及布洛斯家族的當地歷史學家，曾任新聞記者，著有六本有關美特爾海灘的書籍。她的夫婿是富蘭克林・布洛斯的曾孫。（她的先生於二〇〇〇年由該公司副總裁及財務長的職位退休，就在綠鑽石案剛提出之後。）

她的康威市宅邸牆上掛著這名十九世紀富商與妻子的原版畫像，街道兩側是成排的木蘭樹和垂掛西班牙苔蘚的綠櫟。她的房子是富蘭克林・布洛斯的遺孀和女兒在一九〇〇年代初期所興建，一直為該家族持有。屋裡有數間寬敞及裝潢優雅的起居室，我們坐在其中一間，有著彩色圖案的沙發、蒂芙尼桌燈，耀眼鈷藍色的釣魚浮標，在午後陽光下閃閃發光。

麥米蘭認為，布洛斯家族企業原先的理念是緩慢成長，這個步調持續了兩個世代。她認為，直到一九九〇年代來了一位新執行長，公司才開始追求積極成長，並跨出霍里郡，擴大到州府與納許維爾。該公司在那些地方沒有長期紀錄，尚未取得社區的信任。他們以往從未試圖開發設有堤岸的房地產，或是在自家地盤以外的開發案。在布洛斯查平公司主導哥倫比亞合資企業、提出綠鑽石案的時期，該公司的開發速度直線飆升，債務也同步增加。

在南卡羅萊納州的許多城鎮，好像大家都彼此認識，或者至少他們認識每個家庭的某個人。那是個小到不像話的地方，在我去拜訪的時候，全州五百萬人感覺比我長大的中部小鎮二萬人還要親近。作為一名訪客，你會發現人們總是知道你前天見了誰，明天要去見誰。小鎮像是大家庭，裡頭有些被嘲諷但被容忍的脫線人物，也有激烈鬥爭。

南卡羅萊納州的地方官員受到推進綠鑽石開發案的強烈社會壓力。那種壓力是來自於財力雄厚的開發商，他們與政治高層熟稔，並有能力贊助地方候選人競選連任。當時的氛圍就是要忽視長期風險，迎合開發商的立即報酬，反正他們不太可能久留，無論房地產日後發生什麼事，他們也不想管。整個社區變得像賭場一樣。在史密斯的職場與社交圈，她都獲得強烈訊息，要她核准手邊的緊急業務，不要理會未來。

「當你面對像沙塵暴來襲的財力與勢力，幾乎無法加以反抗，」洪水專家沙拉德對我表示，「開發商不切實際的幻想，幾乎所有人都相信了。」

考慮不周的土地開發案往往是貪婪或無知的副產品。當然，有時候，醜陋的商場大街或高樓是出自草率與搶錢政客之手。但在有關土地使用的集體短視，法律所扮演的關鍵角色遠超出許多人的理解。在美國，法律阻礙遠見的情況可回溯至開國之初。

《美國憲法》獲得通過後，湯瑪斯．傑佛遜（Thomas Jefferson）對聯邦政府擴權產生質疑。傑佛遜和其他反聯邦主義者聯手推動修憲，亦即日後的《權利法案》（Bill of Rights）。第五修正案的徵收條款（Takings Clause）寫道：「未獲公平補償之下，私人房地產不得被徵收作為公用。」美國開國元老所說的「徵收」係指國家政府由人民手中搶奪私人土地來興建軍事堡壘或道路。美國內戰後，構成《權利法案》的新憲法修正案，包括徵收條款，擴大實施到州與地方政府，而不只是聯邦政府。

二十世紀初葉，房地產所有人紛紛引用徵收條款，要求政府必須補償他們，不只是在國家徵用土地以興建公路或軍事基地時，如果法規使他們無法自土地獲得充分經濟利益，也必須補償。開發商與地主打官司，要求鉅額和解金，即便是政府為了公共利益而將土地分區以保障公共衛生，或是禁止在溼地鋪設道路以保障人民不受暴風雨傷害。

「徵收」這個概念是如何演變到納入保障大眾的法律？徵收條款的變形必須回溯到一九二二年一個美國最高法院判例。當時，一家名為賓州煤炭（Pennsylvania Coal）的公司擁有賓州東北部許多物業的地下採礦權。州議會為了保護居民，通過立法禁止在民宅、城市街道和市區廣場等公共場所的地底下採礦。該煤炭公司認為此舉剝奪其地下物業的價值，並指稱這條賓州法律形同徵收。美國最高法院判決該公司勝訴，取消州法，允許該公司在社區地底下挖礦。

這件煤礦判例之後的將近一個世紀，美國許多城市與州原本要通過立法以禁止不當開發，如今卻必須考慮地主或開發商是否會控告他們並要求徵收補償。開發商挾著賓州煤炭的判決去對抗限制開發的國家政策，在某些時候，甚至恫嚇地方計畫人員。一些想要禁止開發危險地區的社區擔心，萬一他們沒有謹慎做好土地分區，打官司將耗盡他們的財力，更糟的是讓他們背負龐大債務。同時，地方官員也承受來自房屋建商協會的政治壓力，而這些團體足以影響他們競選連任。地方領導人被慫恿去冒然行事，忽略開發的未來風險，迅速通過開發案以獲取增加稅收、就業與住房等眼前回報，並迎合幫助他們保住官位的開發商與企業的利益。想要發揮集體遠見的良好意圖，根本敵不過這些勢力。

二十世紀下半葉直到二十一世紀，不智的開發商在美國各地出現，致使洪水、龍捲風和野火等極端氣候事件的損失變高，因為越來越多人生活在危險之中。一九八〇年以來，僅僅二百三十三起極端氣候事件便造成一．五兆美元以上的經濟損失。這些災難並且造成數千人喪生。二〇一六年地球溫度打破歷史紀錄，美國便有十五個極端氣候事件分別造成十億美元以上的損失。二〇一七年，地球溫度又打破紀錄。以全球而言，每年極端氣候與天災的經濟損失都超過二千五百億美元；在數十年間，這些災難導致數百萬人死亡，數十億人受傷。

比起阻止不當開發，勸說人們遷離危險地區甚至更加困難。久而久之，人們落地生根，對土地產生歸屬感。我們看到人們死守家園，不論是休士頓的勞工階級家庭或是密西西比灣岸的富裕人士，儘管他們知道會被水淹。就算發生了暴風雨、火災或地震，你都很難說服人們遷移到安全地帶。表面上，救助基金是一項說服工具，但在災難時動用卻具有政治風險。要有哪位州長或市長會想跟失去所有家庭照片及家具的人說，你們不可以回去你們的家園。要求人們進行一些改善工程，例如把房屋墊高或在車庫增設排水口，比起叫他們遷移來得容易多了。

想要做出明智決策的社區，因為未雨綢繆而面臨嚴酷前景。不過，我們還是有一線希望。最後，里奇蘭郡證明如何發揮力量來做好未來規劃。

姬特．史密斯不是那種你以為會在雞尾酒會上被冷落的人。她出身南卡羅萊納州望族，兼具魅力與人脈，總是博得大家歡迎。

姬特成長於加夫尼（Gaffney）這個人口一萬兩千人的城鎮，當地地標「大桃子」（Peachoid）是座高一百三十五英尺的桃子造形水塔，在往來北卡羅萊納格林維爾與夏洛特的八十五號州際公路便可看見。

她在早年便學會克服自己的內向性格。她的學校對於美式足球很狂熱，她在七年級時競選啦啦隊長，那是她第一次參加競選，結果輸掉了，因為她幾乎沒跟其他人講過話。隔年，她開始微笑及認識班上同學，便選進了啦啦隊。

在她學會如何討好人之後，姬特便時常放棄這麼做，而是堅持自己的原則，甚至習慣搞破壞。她對抗霸凌，有一次她覺得一名排球選手在比賽時作弊，便跟她扭打起來，此後便被取了個「淘氣姬特」的綽號。大學高年級時，她打了一名身高六呎五吋的棒球選手一巴掌，因為他污蔑她的父親。一九七八年在保守的美國南方，二十九歲的她擔任「計畫生育」協會（Planned Parenthood）當地分會的主席。她所到之處，即便推著兒子的嬰兒車，她都想像人們在她背後竊竊私語說：「她仇恨小孩。」

認識姬特的人，不管喜不喜歡她，都會尊重她。他們形容她友善、聰明、政治手腕高明和爭強好勝。姬特也喜歡受人喜歡，但她寧願不被人歡迎，也要堅持自己的理念。「我其實喜歡被人稱讚，」她用濃濃的南方口音向我坦白說，「可是，沒有也沒關係。」

她第一次涉足政治是擔任南卡羅萊納州參議院醫療事務委員會研究主任。數年後，她轉任民間企業公關部門。一九八〇年代後期，她渴望重回公部門，於是參選里奇蘭郡議員，並且當選。在競選時，她獲得開發商及房屋建商協會支持。他們知道她的先生是一名銀行家及商會成員，於是認為她應該是支持開發的安全牌。等到綠鑽石案提出時，史密斯已不再得到金主的支持，因為她的態度中立，可是她還是當選連任。她的名氣與財富足以支持她獨立競選。

史密斯研究後更加相信綠鑽石案是個差勁的主意，由於反對立場而與同僚漸行漸遠。這項房地產開發案變成攸關當地社區命運的辛辣鬥爭。史密斯向媒體公開她的懷疑，結果腹背受敵。她被綠鑽石支持者說成是背叛者，只想穿著花俏登山靴在河邊散步的富家女。綠鑽石的遊說人士則是被朋友公開指責他們出賣社區，只為了購置第二棟房屋。

在阻撓綠鑽石之前，史密斯從未感受到那麼被人討厭。沒多久，她在教會與讀書會上遭到抹黑。以前是盟友的議會同僚抨擊她無視於黑人社區的需求，他們曾經是她的選民，直到她後來改到別區參選。人們指責她故意剝奪綠鑽石承諾帶給他們的機會，讓她很受傷。她開始在很多個夜晚失眠，有一度還寫下聲明稿，指稱綠鑽石是「貪婪的鋯石」（zircon of greed）。但是她仍不確定自己能否阻止它。

現代民主普遍鼓勵短視，尤其是在美國。政客面對勝選的立即需求，以及取得競選活動所需的資金，如同企業領導人面對提高季度獲利的急迫任務。密集的競選週期讓他們需要快速斬獲，才能向選民證明，無論改革會造成什麼後果。遺憾的是，許多擁有資源可以自行參選的人士都是為了謀取私利，而不是全體利益。不受競選金主影響，是可以讓領導者更有空間在執政時考慮未來，但並無法保證他們會這麼做。

塔克曼寫道，影響政治愚行的力量之中，最為強烈的莫過於「渴求權力」。領導者帶領國家涉入必輸的戰爭，看到華麗的特洛伊木馬便邀請敵人進城，即便他們心知肚明。

每種社會與政權都曾出現這類愚行，即使當時他們明白自己的行動將造成的後果。共產主義與資本主義，暴政與民主，均可能依據眼前的欲望而做出不良決策。塔克曼的《愚政進行曲》（*March of Folly*）便是描寫這種情況。甚至連宗教領導人亦無法免於扭曲的決策，她分析文藝復興時期的教宗做出激怒宗教改革者的災難性決策。我們自己的時代很容易便能找到精英人士因為貪婪而不顧未來的例子，包括石油公司操縱污染防治法規，與腐敗政客在職時中飽私囊。民眾若不要求領導者更加重視未來的後果，便無法輕易矯正那些當權者的短視。

非洲為了打擊政治貪瀆所進行的一項激進實驗，正好凸顯這個問題。非洲手機大亨莫・

伊布拉欣（Mo Ibrahim）為非洲卸任國家領導人創設一個鉅額獎金——伊布拉欣獎（Ibrahim Prize）。獲選的得獎人可在十年內獲得五百萬美元獎金，之後還可終身每年再獲得二十萬美元。在選拔得獎人時，該獎金理事會評估國家元首是否打擊貪瀆及支持民主改革。其宗旨是要壓制政治人物的短期動機，提供民主領袖終身足夠的退休金，鼓勵他們創造永恆的政績及準時下台。這個獎項有幾年並未頒發，因為找不到合格的人選。顯然值得獎勵的政治人物實在太少了。

我認為，這個獎項設計的一大缺陷是主辦者預期政客會重視遙遠未來可能得到的金錢，而不是眼前的利益。如果可以提供近期獎勵來平衡政客想要利用決策來爭取連任資金或者討好特定利益，該獎項或許更有效用。當然，這種做法的問題在於獎金無異於賄賂。我們無法設計一種具有足夠誠信的機制，現在就給予政客獎金以獎勵他們未來可能做的事情；這甚至可能是違法的做法。有些政治捐獻確實要求政治人物關心公共衛生或環保等長期議題，但和企業、產業為了短期目的所提供的資金相比微不足道。

比較好的做法是，世界各國政府進行徹底的政治捐獻改革，限制捐款人可以捐給候選人的金額，並且加強反貪腐法，讓政治人物在決策時不受到強大勢力的影響，讓他們不會犧牲未來而著眼於目前。政治領袖的連任機會不應取決於他們能否從民間金主那裡募集資金，因為特定金主可能追求短期利益，棄公眾未來於不顧。

競選資金改革在美國推行已逾十年，卻遭遇新挑戰，因為最高法院二〇一〇年對「聯合公民」（*Citizens United*）一案所做出的判決。（在這項判決，最高法院認定，企業及工會為政治候選人所做的廣告支出是在保障言論，得不受政府法規限制。此後，企業與特定利益為了左右選舉結果的資金便傾巢而出。）聯合公民使得美國領導與決策進入一個比以往更為躁進的時代。

然而，在城市與州層級，許多推行中的運動正試圖改變政治人物募款的方式，增強公眾（亦即納稅人）資金在競選時的角色，以取代私人金主。紐約市及俄勒岡州波特蘭均已通過措施，淡化特定利益在競選時的影響力，南達科塔州與密蘇里州等州也是。這些改革有助於協調政治人物面臨的近期選擇與長期公眾利益。

但在同時，像姬特．史密斯這類用心良苦的領袖需要一些規劃未來的技巧。

荷馬史詩《奧德賽》的主角，伊薩卡國王奧德賽加入特洛伊戰爭，之後面臨返國的艱險旅程。他返回伊薩卡以奪回王位的旅程遭遇連串不幸，包括刺瞎巨人、躲避海妖賽倫的歌聲誘惑以及被愛慕他的女神卡呂普索挾持。在奧德賽離家的二十年間，他的妻子潘妮洛普承受龐大的社會壓力。她的丈夫被認定死亡。一百多名男子想要娶她，隨著歲月流逝，她必須極力抗拒他們的追求。

奧德賽想要克服誘惑，不被海妖賽倫的歌聲迷倒，於是他要求水手把他綁在船桅上。現在，人們可以仿效他的做法來抗拒想吃巧克力蛋糕的衝動，例如「預約」屈服於立即滿足的痛苦後果，像是必須捐款給自己討厭的慈善項目。

但在荷馬的故事裡，潘妮洛普更加痛苦。造成問題的不是她自己的衝動，儘管二十年間等待丈夫回家也是很不容易。潘妮洛普的考驗來自於他人的壓力。為了讓社會允許她等候奧德賽，她想出一套計謀去拒絕那些不耐煩的追求者。她說直到她為公公拉爾提斯織好裹屍布，她才會再嫁。而她確保自己永遠不會達成這項承諾。每天她會織一部分的裹屍布，到了夜晚再拆掉白天織的部分。（可惜，一名女僕拆穿她的計謀，還去告密，致使她承受再嫁的強大壓力。）

潘妮洛普的故事告訴我們，當承受他人向我們施壓時，我們可以利用技巧來拖延。西元前六世紀底當選雅典行政官的梭倫，有他自己的一套辦法。他說服雅典議會預先承諾讓他的改革推行十年，包括解放奴隸、改革當地貨幣及設立公民權等。不久後，他離開雅典，自願去流亡，而不是壟斷權力，就在此時他遇見不幸的克羅西斯國王。梭倫希望雅典人維持他的法律，而沒有他的准許，他們便不能廢除法律。他不想聽到賽倫的歌聲。

我們不一定要用戲劇性的方式來防止莽撞的決定，可以用隱喻的方式。曾任柯林頓政府助理國防部長的哈佛大學教授格雷厄姆．艾利森（Graham Allison），談到美國外交官如何在冷戰時期避免與蘇聯的核子衝突。他說，美國領導人認為他們與蘇聯的對峙是「冷酷而不是炙熱」，於是他們選擇節制而不是輕率，正式採取武器管制措施及耐心的投資，以求長期打壓共產主義意識型態。

現在，氣候危機的諷刺之處在於，社會與社區既迫切需要採取行動，又必須在這些行動上發揮遠見。布朗大學學者雅曼達・林區（Amanda Lynch）及西里・維蘭德（Siri Veland）批評將我們這個時代稱為人類世（Anthropocene）的說法，地質學家將人類世定義為人類大幅改變地球，令維持生命的系統瀕臨災難。他們表示，這個在我們時代流行的名稱與做法，鼓動國家與社群採取短視的決策，例如將硫酸鹽排放到平流層或是將鐵倒入海洋，試圖為地球降溫。他們呼籲縝密及包容的決策，團結不同的社群與文化，而不是單獨的反應。

無論是追求利潤或拯救地球，在壓力鍋的情況下，集體決策越來越常見。像是醫師在疲累與時間限制下開立抗生素，政治領袖與政府組織傾向急躁莽撞。他們需要方法去釋放壓力。

史密斯逐漸懷疑綠鑽石之際，投資者要求迅速做出決定，理由很充分。在他們的行業，時間就是金錢。房地產開發商很少希望土地閒置，如果無法取得許可和政治支持，他們也很難拉攏其他投資人。可是，其他議員對於這個案子很有興趣，他們不想嚇跑開發商，免得他們把案子轉移到別的地方。

史密斯決定為自己和里奇蘭郡爭取時間以深入了解。她草擬了一項決議案，暫時支持該項計畫，以取得更多有關堤岸和金融與公共安全風險的資訊。里奇蘭郡議會在她的主持下，無異議通過。投資者將之視為綠燈，開始行動，買下不動產。

事後來看，史密斯爭取時間的措施成為關鍵舉動——儘管是個意外——讓她和里奇蘭郡拒絕開發康加里河沿岸土地的不當決策。

史密斯和里奇蘭郡的工作人員花時間做了更多研究，結果挖掘出一段當地歷史。為康加里河堤防提供保證將付出代價，並不是假設性的說法。數十年前，哥倫比亞市被擁有那一座農場的家族控告，因為一九七六年一場大水沖垮附近一座市府擁有的堤岸。市府先前同意維修堤岸。地主柏威爾・曼寧（Burwell Manning）打贏了官司，哥倫比亞市納稅人為此付出四百萬美元。

威斯頓・亞當斯（Weston Adams）一聽到綠鑽石案便不同意。這名三十四歲共和黨員的家族九代都住在康加里河盆地，他和兄長成長時都在開發案不遠處的沼澤捉鴨子、哀鴿和野火雞。亞當斯仍持有家族河岸莊園的一部分，後來他和妻子改裝為結婚會館。

亞當斯是典型的南方紳士。他神采奕奕地邁大步走路，眼中永遠帶著光芒，看上去就像是高中舞會國王的參選者。在綠鑽石案紛爭之後數年，我們在帕米托俱樂部（Palmetto Club）的地下餐廳碰面，那裡是哥倫比亞市保守派上流人士的專屬會館。穿著深色外套、白髮削瘦的男士們親切地彼此握手，一位穿著皮草的女士走過來問亞當斯，打獵季結束了，他的冰箱都裝滿了嗎？侍者全部由黑人擔任，他們一律用姓氏稱呼俱樂部會員——「亞當斯先生」。但他們介紹侍者給我認識時，則直呼其名。

亞當斯是一名律師，客戶都是房地產開發商。他的兄長羅伯是有名的共和黨競選經理人及募款者。他們都認為綠鑽石冒犯了南卡羅萊納州的自然遺產。威斯頓用夢幻的眼神將康加里河邊低地比喻為哈克貝里・芬（Huckleberry Finn）嬉遊之處，並回憶起年幼時在沼澤的冒險。他覺得河邊的土地應該保持作為農地或林地，而不是商業園區、高球場和商店，更不能仿造美特爾海灘。他的懷舊之情促使他考量未來。

史密斯與郡官員在蒐集資料時，亞當斯兄弟向哈麗葉・漢普敦・佛斯特（Harriott Hampton Faucette）請求金援，這位慈善家的父親是一名報紙主編，一九五〇年代帶頭推動成立康加里國家公園。與另一名共和黨公關大師聯手，兩兄弟加入對抗開發案。他們每隔數週便召開記者會，反擊開發商的媒體造勢，並寄送郵件給居民，抗衡哥倫比亞合資公司的宣傳小冊。「那是氾濫平原，傻瓜」和「你們的綠地，他們的鑽石」等標語，成為示威口號，反對開發案的人越來越多，環保人士、共和黨籍的獵人與富裕地主都聚集到哥倫比亞大學城。

民主黨籍的史密斯一開始是孤軍奮鬥對抗開發案，亞當斯兄弟和他們的聯盟對她來說就像天賜禮物。她終於爭取到有力選民支持謹慎立場。之後的宣傳活動讓她爭取到議會支持，維持一九九四年該郡禁止新疏洪道開發的暴雨條例的效力，而且綠鑽石不得例外。這場抗爭持續了數年，因為哥倫比亞合資公司籲請美國聯邦緊急事務管理署修訂里奇蘭郡的洪水地圖。

爭取了五年後，哥倫比亞合資公司未能取得令他們滿意的地圖或是建築豁免權，好讓他們把綠鑽石打造為最初構想的宏大規模。所以，在二〇〇四年，該公司控告里奇蘭郡並求償四千二百萬美元。律師指稱被告剝奪該公司土地的經濟價值，違反《第五修正案》的徵收條款。

一九六〇年代後期，紐約市中央車站的母公司有個雄偉的夢想。這座一九一三年開幕、法國布雜藝術式八層樓車站，原已相當可觀。主體為花崗石，中央車站高雅地延伸在第四十二街，正面有座鑲嵌蒂芙尼玻璃的十三英尺高時鐘，兩側是密涅瓦與海克力士的雕像；站內大廳的屋頂覆蓋夜晚的星空。田納西大理石地板及寬闊的石頭拱廊令人彷彿置身舊世界宮殿。橫向正面的高度令人敬畏但不至於仰頭折頸，中央車站桀驁不馴地盤踞在曼哈頓中城的摩天大樓峽谷之中。

然而，六〇年代中央車站的母公司覺得，車站的上空寫滿了斗大的金錢符號。一九六八年，該公司和一家建商簽約，要在車站之上蓋一棟五十多層的辦公大樓。在一份設計藍圖上，面向南公園大道的南側將被拆掉，歷史性車站的主體有一部分也是。

紐約市不久前甫失去一個建築瑰寶，第七大道上的舊賓州車站。該車站的母公司同樣認為車站上空的空間權有很大的商機，於是在一九六三年開始拆毀作業。舊車站也是布雜藝術建築，有著粉紅花崗石牆、戲劇性的外側柱廊，大廳則是仿照羅馬的卡拉卡拉浴場。取而代之的是麥迪遜廣場花園與時髦的辦公大樓。車站的鐵軌與售票處將被重新安置到由低矮走廊構成的地底迷宮。對於這項改建，前耶魯教授文森·史庫利（Vincent Scully）寫道：「前者宛如神祇降臨本市……後者像鼠輩般快跑入場。」

賓州車站拆掉後，紐約的積極分子倡議並通過該市第一項保護歷史地標的法律，羅伯·

華格納市長（Robert Wagner）成立了地標保存委員會。然而，對想要改建中央車站的公司而言，這像是猛力拉扯他們。在該公司構想改建計畫之前，地標保存委員會便將中央車站指定為歷史地標，車站座落的街道屬於地標區塊。任何物業主人都必須申請市府許可，才能大幅改建歷史地標。

該委員會就中央車站上空興建摩天大樓的提案舉行了四天的聽證會，聽取八十位證人的作證。最後，委員會認定該計畫將破壞這個歷史地標，而加以否決。車站母公司為了損失的經濟價值而對市府提告，該公司估計施工期間每年有一百萬美元的租金收入，完工後辦公大樓一年可收入三百萬美元。市府將為此付出可觀的賠償金。

美國最高法院後來受理本案，車站母公司援引徵收條款，指稱歷史地標法必須賠償物業主人。一九七八年，以六票對三票，最高法院判決紐約市勝訴，為判斷本地法規是否可被視為徵收開啟新判例。法院認為，徵收案件應該考慮物業主人能否對於宣稱的收入具有「合理預期」。物業是否有其他潛在商業用途，以及政府政策是否旨在保障公眾利益，都有關係。大法官威廉．布倫南（William Brennan）在判決書寫道，社群必須保障廣大的公眾利益，不僅是現在，還有未來：

> 這些建築與工藝不僅代表過去、體現時代傳承的珍貴特色，亦為今日樹立品質的榜樣。歷史保存只是這個大問題的層面之一，基本上是環境問題，也就是我們如何提升，

或者首度培養人們的生活品質。

在綠鑽石控告里奇蘭郡的數百萬美元求償案，代表郡府的律師表示，當地的暴雨條例讓民眾免於受害，維護社群的更高利益。他們指出，郡府並未剝奪哥倫比亞合資公司對土地進行其他可獲利的用途，例如農耕或生態觀光。在訴訟時，他們設法證明該公司對於綠鑽石案沒有合理預期。早在該公司買下那塊土地之前，聯邦地圖便已顯示該物業七成位於疏洪道，而且暴雨條例立法已有多年。他們並且援用最高法院對紐約中央車站的判例。

案件審理時公布的布洛斯查平公司一份內部文件顯示，公司高層曾經檢討綠鑽石案哪裡出錯了。他們記取的教訓之一是，不要在家鄉霍里郡以外、有著「可疑環境問題」的地方進行大型建案，也不要進行「純粹投機性質」的建案。

審理綠鑽石案的南卡羅萊納法官判決里奇蘭郡勝訴。開發商哥倫比亞合資公司上訴到州最高法院。二〇一五年八月，州最高法院維持原審法院的判決：里奇蘭郡不需要為了該決策或法律而支付開發商任何賠償金。法官認為郡府是在保障公眾的未來利益。

姬特．史密斯站上證人席時，哥倫比亞合資公司的律師進行交叉詰問，指責她玩政治把戲，意圖阻擋這項世界級開發案。史密斯加以反駁。她認為自己完全是為了爭取思考時間，以了解開發氾濫平原將在日後造成的危險。有了更多時間後，她設法爭取到議會支持她的意見，並且拉攏到跨黨派聯盟力挺。

共和黨籍的獵人兼律師亞當斯，和友人與開明派環保人士聯手，構成阻擋綠鑽石的強大力量。當人們願意與奇怪的盟友合作時，便有更好的機會打敗短期特殊利益。比起全國政壇，小型社群更容易做到這點，因為人們面對面接觸，在歧異之外建立起信任。南卡羅萊納政壇的親密性像是一刀兩刃——領導人承受更強烈的社會壓力，但也有更大的結盟機會。另一個克服社群短視的技巧是領導人強大且財務獨立，足以抗拒短期投機客，並且可以拖延而不是做出反射性決策。發揮遠見亦必須承受批評。里奇蘭郡的官司勝利證明，法院可以擊退不周全的決策。可是，法院亦可能直接或間接地鼓動躁進，例如一九二二年賓州煤炭案之後的趨勢。

每個社區與社會都面對這樣的抉擇。各種政府層級的法律與機構可能主動鼓勵短視或打消短視。第五章提到墨西哥灣的笛鯛捕撈即為一例，說明政府政策可能抑制前瞻思考，例如捕撈季的做法，也可能協助前瞻，例如捕撈配額制度。重視未來的話，我們便需要重新思考法規及機構的正直。這些共同協議可以導引我們眺望遠景。

里奇蘭郡在大雨降臨前幾個月獲得勝利。二〇一五年十月，南卡羅萊納州內陸發生將近一星期的滂沱大雨，打破降雨量歷史紀錄。雨水漫過哥倫比亞市運河的牆壁，污染了該市的自來水供給。洪水將墓地的棺材沖走。與康加里河平行的布拉佛路（Bluff Road），兩側的店家水深及頸。康加里河支流吉爾斯溪，流經綠鑽石預定地，沿溪的五座水壩全部崩壞，整片土地沉在泥水之下長達數日。那段期間，數千人沒有乾淨飲用水，許多人失去家園及店鋪，數人喪生。該州的財產損失總計達一百二十億美元，需要聯邦災難救助紓困。

儘管災情慘重，豪雨的傷害根本無法與康加里河洪水突破堤岸的可能後果相比，隨著地球暖化，這種事件發生的機率已逐年升高。

「當我回想起可能的後果，」南卡羅萊納州前氾濫平原協調員沙拉德表示，「我頸後汗毛直立。背脊一陣發涼。如果他們真的蓋了綠鑽石，洪水將釀成巨災。成百上千人將失去家園，失去工作。」沙拉德給我看一幀二〇一五年十月綠鑽石預定地附近高速公路入口匝道淹水的照片，我們驅車前往那個地點。大水淹到陸橋底下半掛式卡車的高度。洪水像湍急的河流，淹沒沿路經過的一切。

第八章
人們玩的遊戲
——預演過去與未來

時間是位很好的老師，可惜她殺了所有學生。

——白遼士（Hector Berlioz）

一九七二年慕尼黑一個夏日的清晨五點十五分，喬治．西伯（Georg Sieber）被電話鈴聲吵醒，他立即猜到發生了什麼事。接起電話後，他的恐懼獲得證實。

他很快穿好衣服，跳上輕型機車，騎過市區，來到一萬兩千名來自世界各地的運動員所居住的奧運選手村，小組成員和警方已聚集在外頭了。他獲悉一群穿著運動服的極端分子翻過選手村圍牆，挾持將近十二名的以色列運動員及教練作為人質。對西伯來說，這起事件並不令人意外。

為慕尼黑警方工作的這名三十九歲心理學家，淡色眼珠凸顯出好奇的眉毛，下巴剛毅，抽菸時姿勢優雅。在這份工作中，他最初是個雙面間諜，滲透到慕尼黑的學生示威團體，將他們的示威計畫通知警方。在一九六〇年代與激進的「學生要求民主社會」（Students for a Democratic Society）一齊走上街頭，要求更好的居住條件，再悄悄地將同志的行蹤透露給警方，他並不覺得有道德矛盾。事實上，他認為自己的工作營造出可預測的環境，可預防警方與示威者之間的暴力衝突。西伯認為，如果執法警官可以預測示威者的動向，或許就不會冒然對他們噴催淚瓦斯或開槍。

慕尼黑舉辦一九七二年奧運的前幾個月，西伯被交付一項任務。他被要求想像奧運可能出錯的情境。因為他了解這座城市，而且專業是預測危機情況，於是被聘為奧運安全小組的顧問。他構思的二十六種情境包括一名觀眾將另一名觀眾推入泳池，以及一支瑞典恐怖組織把飛機開進奧運場館進行攻擊。他亦設想巴斯克民族解放組織ＥＴＡ及愛爾蘭共和軍可能採取的計謀。（奧運畢竟是受到承認的世界各國的慶典，而不是其國內組織。）

慕尼黑奧運是德國自一九三六年希特勒主持柏林奧運以來，首度舉辦夏季奧運。主辦單位希望擺脫德國人給人陰沉、軍國主義的窠臼印象，將這個國家重新塑造為無憂無慮、地中海風格。德國人稱奧運為「歡樂的比賽」，吉祥物是一隻彩色的臘腸狗，名叫「沃迪」（Waldi）。

後來廣為人知的「第二十一種情況」並不是完全出於西伯的想像。他的構想是來自他讀到新聞報導巴勒斯坦極端分子的手法。（恐怖組織「黑色九月」前一年已在歐洲執行過數次行動。）他也考量奧運本身的動能。唯有被承認的國家才能派遣運動員；因此，巴勒斯坦組織要求派出奧運隊伍到慕尼黑遭到漠視與拒絕。

憑藉特異的預知，西伯想像極端分子挾住以色列人質。在交給主辦單位的報告，他預見恐怖分子在黎明前翻過選手村沒有防備的圍牆，在裡頭捉住人質，然後提出要求。他預測，恐怖分子不會投降，寧可一死以宣揚他們的政治訴求。在黑色九月策劃實際的攻擊之前，西伯便已預測到這個場景。

簡單的預防便可阻止第二十一種情況真的發生。奧運主辦單位卻不採取最基本、最不昂貴的安全措施，例如在選手村四周圍牆加裝鐵絲網，以及部署警員或士兵站崗。西伯建議，可以依據運動項目安排運動員宿舍，而不是國籍，如此便難以鎖定以色列人。

但是，慕尼黑奧運主辦單位要求西伯淡化恐怖的情境，減輕奧運的末日氛圍，更符合他們希望的歡欣氣氛。

奧運主辦單位駁斥西伯假設情境的一個重要因素是歷史。納粹大屠殺（Holocaust）的恐怖，及一九三六年奧運時仍由希特勒統治的記憶，仍鮮明地留在世界各地人們心中，尤其是德國。許多在第三帝國（Third Reich）倖存的德國人對於捲入史上最慘無人道的政權感到極為羞愧。他們迫切想要彌補過去，讓奧運有歡樂氣氛，消弭德國是個警察國家的觀感。

在這個時代，我們仍會看到痛楚的記憶影響著決策，包括美國。在九一一之前，甚至連本業是計算未來風險的保險公司都疏忽了，沒有在紐約建築物的保單當中列入恐怖攻擊的鉅額財務風險。儘管世貿中心曾在一九九三年發生爆炸案。華頓商學院經濟學家羅伯特．邁爾的研究顯示，九一一恐攻之後，許多公司開始支付恐攻的高昂保費，遠超過合理的水準。當天的可怕歷史不僅烙印在人們的記憶裡，也烙印在他們對未來的預測之中。

如同記憶可以改變我們對未來的看法，缺乏記憶，或是集體失憶，可能造成草率的決定。

日本福島核災發生六年之後，我和美國一個領導人代表團一同前往當地考察。我們會晤東京電力公司（TEPCO）的主管，福島第一核電廠即是由他們經營。該公司仍在設法清除及廢止反應爐爆炸後的電廠，這項工程可能耗時數十年。我訝異地了解到，該公司在一些方面都被過去的回憶羈絆。

二〇一一年三月十一日，日本外海的九級地震引發海嘯，沖毀保護福島第一核電廠的海堤，將冷卻海水導入反應爐的備援發電機與抽水機都進水。三座反應爐溫度升高並爆炸。這是史上最嚴重的核災，數十萬人被迫遷移。好幾個月的時間，當地的學童手腕上都要戴著輻射計，以測量他們曝露的輻射劑量，醫生檢驗數千名孩童是否罹患甲狀腺癌。

二〇一七年三月我去訪問時，仍有十萬多位福島居民尚未重返家園；有些人住在鄰近核廢料儲存場的拖車裡。遊樂場裡設立著測量站，以測量放射性物質的曝露劑量。該地區的經濟向來依賴耕種稻米與水果，以蘋果與清酒等特產而聞名，如今一蹶不振，因為大家不敢食用核災地區的食品，即使是在高山種植，遠離福島縣輻射危害區的高海拔地區。日本當局基於安全考量，關閉全國數十座核電廠。新核電廠也停工，日本更加依賴天然氣與其他化石燃料。

準確來說，三一一大震災是日本有史以來最嚴重的災害。可是，該地區本來就會發生地震，福島的災難是可以預見的。沖毀福島第一核電廠海堤的海嘯是千年難見的事件，東電在興建核電廠時並未在模擬之中加入這種可能性。在取得新資訊後，東電亦未更新防備。東電在二〇〇二年進行一項分析，顯示他們低估福島海嘯風險，冷卻反應爐的海水抽水機可能故障。

東電公司並未據此做出任何回應，其營運執照也沒有明確規定必須做出改變。日本核能業主管及政府監理機構只重視地震風險，而忽略日本歷史上的海嘯（與相關）風險。回溯到十五世紀的海嘯研究顯示，巨浪可能沖垮核電廠的海堤。研究人員就西元八六九年日本一場大地震與海嘯的調查亦證明該地區發生大海嘯的風險。然而，卡內基國際和平基金會（Carnegie Endowment for International Peace）的一項分析指出，該核電廠的海堤甚至無法承受福島三一一海嘯一半高度的海浪。

不過，鄰近區域的另一座核電廠卻可以承受這種海嘯。東北電力公司的一名土木工程師平井彌之助，知道西元八六九年貞觀時代（Jogan）海嘯的故事，因為他的家鄉有一座神社當年遭到淹沒。平井彌之助在一九六〇年代堅持女川核電廠要蓋在比預訂地點更遠離海岸及海拔更高的地方，高出海平面將近五十英尺。他亦要求海堤要高於原定計畫的三十九英尺。他在三一一大震災發生前便已過世，沒有目睹四十英尺高的巨浪沖毀女川這個小漁村，位於福島北方約七十五英里處。然而，最接近這次震央的女川核電廠卻安然無事。避難的居民甚至暫住在核電廠的體育館內。

我們一行人造訪時，仍忙於善後的東電主管表示，位於福島縣旁邊新潟縣的柏崎刈羽核電廠加強安全防護後，將成為全世界「最安全」的核電廠。預防未來災難的安全措施包括一道四十九英尺高的海堤，二萬噸的蓄水池以冷卻反應爐，四十二輛消防車，二十三輛備援發電車以確保反應爐在緊急事故發生時仍可冷卻。每個月將進行緊急事故演習。很顯然，他們是針對福島經歷的核災來加強柏崎刈羽核電廠的安全措施。

美國訪問團裡一名國防部前任高級官員與能源安全專家詢問東電主管，除了海嘯之外，他們是否有防範核電廠的其他風險。東電主管們一臉茫然。該名訪問團專家向他們追問北韓可能的攻擊，當週稍早北韓甫發射飛彈落入日本專屬經濟區海域。東電主管表示，他們並沒有考慮到這點。他們亦未評估海平面升高可能導致未來颱風強度加劇，或是氣候變遷導致的熱浪等情境。換言之，全世界「最安全」的核電廠只有對以往的災難來說才是安全的。後來知悉這段對話的一名日本政府官員，亦對美國官員的警告表示贊同。

歷歷在目的記憶導引著我們對未來的因應。相反地，即便是經歷可怕災難的地方，已經褪色的記憶，也不會存在於我們對未來的想像。

西元六十二年龐貝地震之後，塞內卡（Seneca）撰寫《天問》（*Natural Questions*），他描述居民活在恐懼之中，很多人逃走或者考慮要不要逃離。根據小普林尼（Pliny the Younger）的敘述，十七年後，天搖地動的恐懼已被遺忘，數千人忽視火山噴發前的搖晃。

同樣在歷史上，人們在疾病病例減少時亦拒絕擴大施打疫苗。一八五〇年代的倫敦，以及一八三〇年代的美國，由於天花病例減少，民間拒絕天花預防接種的風氣盛行。流行病學家薩德・歐默（Saad Omer）及黛安・聖維克（Diane Saint-Victor）認為，這是因為擴大預防接種之後，社會逐漸淡忘疫情的傷害。他們曾研究自十九世紀的英國以降的全球疫苗運動史。歐默及聖維克因而表示，由於民眾抗拒及疾病率下降，全民疫苗施打的「最後一哩路」才是最艱難的。

緊接著災難之後，很多人會去買保險。例如，一九九四年加州北嶺（Northridge）地震後，三分之二的鄰近居民在一年內都去投保了。此後加州未再發生大地震（至本書撰寫時），華頓商學院經濟學家邁爾與康路瑟研究指出，加州高風險地區，最近有投保地震險的屋主不到十分之一。萬一發生大地震，居民將沒有保障，損失可能高達數千億美元。

我們還把集體失憶輸入到幫我們計算未來風險的預測模型。即便是風險專家也會犯下錯誤，將電腦模擬的時間限制在他們擁有確定資料的時期，或是沒有回顧夠久的過去。東電公司在興建福島第一核電廠之前所使用的海嘯模擬，並沒有計算到該地區巨浪的歷史資料，只有最近記憶中的地震與海嘯。

在二〇〇八年金融危機與大衰退前，三大信評機構之一的穆迪（Moody's）給予抵押貸款擔保證券頂級AAA評級，亦即保證它們的投資安全性很高。穆迪使用的模型在估算倒債風險時，只使用二十年的美國房市數據。奈特．席佛指出，房價上漲及房貸違約率偏低的那段時期並沒有傳達真正的風險，因為看不出來房貸違約會環環相扣，引發連鎖反應。該機構忽略數十年前的資訊，包括大蕭條時期，不然便可以看出房價下跌時房貸違約的危險。二〇〇七年，房貸違約像傳染病似地在房市蔓延，高風險債券崩盤，導致經濟癱瘓。穆迪與標準普爾（S&P）等兩家信評機構給予那些債券的違約風險比其實際風險低了兩百倍。經濟學家與決策者完全漠視經濟衰退的風險。（當然，那些信評機構有不正當的財務誘因，投資銀行支付它們為金融商品評級的費用，包括高風險抵押貸款擔保證券與債務擔保證券。）

歷史顯然讓我們看不清楚未來。那麼是否有可能反過來說，歷史能幫助我們預防未來的威脅？雅典將領修昔底德（Thucydides）在其著名的斯巴達與雅典的伯羅奔尼撒戰爭史寫道：「雖然現今絕對不會完全重複過去，卻必然與之相似。因此，未來亦必然相似。」據說馬克．吐溫曾說過，歷史不會重複，卻會押韻。馬達加斯加有句諺語說，我們應該像變色龍一樣行動，「一隻眼睛往後看著歷史，另一隻往前看向未來」。在不同文化與時代，都有人呼籲我們放棄集體失憶，記住歷史對我們是有好處的。

那麼，未來在哪些方面會與過去相似，我們又如何借助歷史來避免災難呢？歷史並沒有在一九三〇年代協助法軍去準備第二次世界大戰。法國以為德國會在西境的壕溝與他們對戰，就像一次大戰時。他們沒有防守北方阿登（Ardennes）森林，而是鞏固馬奇諾防線，不到兩個月，法國就被納粹攻陷了。

二〇一六年秋季，在上任美國國防部長之前，退休的海軍陸戰隊四星上將吉姆．馬提斯（Jim Mattis）同意與我會面。我想請教他的看法，因為他以具有遠見而聞名。他認為，領導人應該借助歷史來延伸他們的視野。馬提斯有逾六千本藏書，對於軍事史博學多聞，到了有時令人筋疲力竭的程度。他訓誡那些抱怨沒時間讀書的陸戰隊員，稱讚一個兵團規定由上尉晉升到少校到將軍，必須閱讀更多歷史書籍。他並表示自己的成就應歸功於歷史觀點。他在開車行經北加州古老紅木林時，嘲諷說道：「如何成為四星將領？你只需對抗比一箱石頭還笨的敵軍將領就行了。」

雖然我不認同他的政治立場或嗜好戰鬥，我仍覺得他很吸引人。他被稱為「戰士僧人」（Warrior Monk），貼切地表達出他的智慧與剛猛，我們談話時可明顯感受到這兩方面。

馬提斯坦承，戰爭是無從預測的。「那麼，戰士為何要閱讀歷史？」我問道。他說，戰爭展開的細節是混亂的，人們不應試圖事先預測。數十年及數世紀來，武器已大有改變。但他相信，戰爭的動機是不會改變的，自特洛伊戰爭以來都是一樣的。引用他最喜愛的修昔底德的話，他說：「國家基於恐懼、榮譽及利益而打仗。」他相信，集體記憶裡若保存鮮明的歷史，將可幫助國家更明智地防衛他們自己的利益。

馬提斯強硬及大聲地反對美國於二〇〇三年入侵伊拉克，以報復九一一恐攻，部分理由是出於歷史觀點。他主張，想要打贏一場戰爭，美國政治領袖必須要能想像攻打伊拉克之後的實際終局。他在研究該地區歷史以後，完全無法想像伊拉克鬥爭派系之間能建立起包容的民主。若以為長期對立的遜尼派與什葉派穆斯林能夠在伊拉克戰後統一起來，那便是一種缺乏歷史感的幻覺。

馬提斯認為，伊拉克不會有終局應該成為一面紅旗，因為美國打過越戰與韓戰，當時軍方與政治領袖對於終局亦缺乏共識。他用老布希總統進行的一九九一年波灣戰爭作為比較，當年總統便預先設定終局——將伊拉克趕出科威特就好了。馬提斯表示，二〇〇三年，「恐懼主宰我們。我們手足無措，沒有做好情報策劃。我們甚至不確定是否可以撤出受傷人員」。

馬提斯在對後來的小布希政府陳述入侵伊拉克的歷史觀點時，無法說服別人。可是，他仍然服從命令。他麾下的軍官在伊拉克戰爭期間必須閱讀講述第一次大戰巴格達南部英印駐軍被鄂圖曼帝國擊敗的《庫特圍城戰》（*The Siege of Kut-al-Amara*）。那場圍城歷時五個多月。那次漫長戰役的歷史無法預測或指示軍官在伊拉克將面對的情況，可是馬提斯認為他們可以由此了解到中東歷史上敵軍及盟軍之間的模糊界線。

前哈佛大學教授及政府顧問厄尼斯特．梅伊（Ernest May）與理查．諾史塔德（Richard

Neustadt），為借助歷史以做出未來的智慧決策設定了更嚴謹的方法。他們主張，在決策時最好是使用數個歷史類比，而不是依賴單一的歷史前例。他們列舉的範例是杜魯門總統及國務卿迪安・艾奇遜（Dean Acheson）於一九五〇年決定介入韓戰，援引的歷史不只是一個國家或情勢，而是衣索比亞、中國、希臘、柏林與奧地利橫跨數世紀的事件。他們運用許多歷史類比、各自比對其相關性，與詹森總統僅以一九五四年法國入侵越南為前例便決定讓美國加入越戰，形成強烈對比。

在他們的經典著作《歷史的教訓》（*Thinking in Time*），梅伊與諾史塔德稱讚甘迺迪總統在一九六二年古巴飛彈危機、兩大冷戰強國對峙的決策流程，是政治領袖以歷史為鑑的範例。那十三天緊張商議的重點在於，美國如何回應蘇聯將核彈運送到古巴，距離美國僅九十英里。

甘迺迪的顧問小組，ExComm，在第一天會議結束前便已經想像歷史將如何看待他們的決定。（梅伊與諾史塔德指出，這是大多數政治決策很罕見的舉動；我本人在政府工作的經驗亦證實這點。）一些官員主張轟炸一個蘇聯目標，但此舉恐將開啟第三次世界大戰，甚至導致終結文明的核子末日。ExComm的成員在想像歷史評價的同時，亦熱烈討論是否有任何歷史事件類似當前的危機，例如珍珠港事變。該委員會的成員包括不同看法的專家，有些是鷹派、有些是鴿派，他們熟悉古巴及俄羅斯歷史典故，能夠考量文化與政治影響。甘迺迪總統已從一九六一年豬玀灣事件的錯誤學到教訓，他退出討論，以在飛彈危機期間創造更多公開爭論的機會。

這場危機的教訓是，在考慮未來時，要盡可能回顧更多的歷史事件。社群及社會領導人不妨集結意見相左的人士，不讓單一歷史主導大家對於未來的看法。

西元八六九年日本貞觀時代發生大地震，宮戶島的居民逃難到島上一座山丘的最高處。但是他們並未安全逃生。第一波海嘯打到山頂，第二波海嘯則由另一個方向的稻田打過來。兩波巨浪交錯在山頂，把避難的人全部掃進海裡。海嘯摧毀了室濱漁港。

這場可怕的悲劇並沒有被馬上遺忘，回憶保存了一千多年。當地神社附近立了一座石碑，記載當天的事件，並警告後代子孫不要到該處避難。這項警告被寫成地方民間故事，學童都會讀到。二〇一一年三月東日本大震災，室濱的居民想起一千一百四十二年前發生的事情。他們謹記在心，逃到更內地之處，再度看到兩波大浪在山頂上撞擊。

另外，姉吉（Aneyoshi）的「大津浪」紀念碑像站崗一樣，警告著未來的居民：「不要把家蓋在比這還低的地方！」二〇一一年時，比石碑還低的地方沒有任何民宅。那次的海嘯僅觸及比石碑低三百英尺之處。

這兩個地方是特例，而非常規。日本各地有數百座大津浪紀念碑，其中不少是在一八九六年與一九三三年海嘯之後豎立的。根據經濟合作暨發展組織（ＯＥＣＤ）旗下核能署的一項調查顯示，其他設立石碑的地方都不像姉吉與室濱的居民那樣聽從警告。

為何這兩個村莊記取歷史教訓，其他地方卻沒有呢？

大津浪紀念碑確實發揮警告作用的地方都是小村子，文化代代傳承。學童學習以往海嘯的歷史，明白需要保持警戒。姉吉與室濱的石碑與日本其他數百座石碑的差異之處在於提出具體行動，而不是泛泛的歷史紀念：不要把家蓋在比這還低的地方；不要逃到這座山丘。

若是深刻的過往經驗為可信的未來情境提供了前例，歷史便有助於現在。汲取歷史事件可以恢復記憶、牢記威脅，就像那位日本工程師記得古代海嘯曾淹沒自己家鄉的神社。二〇一六年，我在一個美國社區待了一段時間，當地試圖用這種方式保留歷史，好讓大家記得威脅。可是，這個社區不是只為以前的災難設立紀念碑而已。

馬塔波塞（Mattapoisett）是麻州東南方一個互動密切的小鎮，就在新貝德福東邊，人口僅六千人。馬塔波塞河流入巴澤茲灣。鎮上的主要街道布滿古老房屋和有著一座大看台的公園，正好與海岸平行。深水港與大量木材，加上鄰近捕鯨業中心新貝德福，波士頓南岸的造船業受到吸引而於一七五〇年代來此開墾，建立起這個小鎮。市政廳距離海邊不到五百英尺。

二十世紀，兩次歷史性颶風肆虐馬塔波塞。一九三八年的颶風發生在美國為颶風取名之前，但仍然值得一書。海水沖毀房屋，淹沒街道，把船隻打上岸。道路兩側的百年榆樹像火柴般倒地。洪水湧上市政廳階梯，灌進一樓，在保險櫃留下高水位線。一座三十英尺的馬車棚被打到田野裡。雞舍破碎。一艘六十英尺的遊艇被沖上岸，海灘上一棟豪宅被夷為平地。人們被壓在崩塌的屋頂與牆壁之下奄奄一息。事後，地方報紙報導，新月灘與皮可灘的避暑海濱度假村變成荒地。在一棟被夷平的度假小屋，搜救人員找到一張專輯名稱叫做《微笑》（*Smiles*）的黑膠唱片。數百棟民宅被毀，數百人受傷，數人溺死。

一九九一年，二級颶風鮑伯橫掃馬塔波塞。十二英尺高的大浪衝進陸地。風暴破壞碼頭，吹倒海灘小屋與路樹。電線桿被強風連根拔起。鎮上高球場的排水管破裂，街道變成湍急的河流，水位不斷上升。未能撤離的民眾涉水逃離家園，被玻璃窗碎片割傷。當時這個小鎮尚未設置下水道系統，道路上的水摻雜污水，飲用水也遭家庭化學品污染。位於海岬上的柯維街，三十七棟房屋之中有二十九座全毀。

然而，即便是在這個珍惜過去的小鎮，颶風的記憶也逐漸被淡忘。「我擔心的是，過了那麼久的時間，很多人不完全了解危險。」鎮長麥可・蓋聶（Mike Gagne）於二〇一六年向我表示。近年在發布風暴警訊與撤離命令時，許多居民都不當一回事。蓋聶認為，馬塔波塞遲早會再度遭受強烈風暴侵襲。他害怕鎮民們沒有做好準備，無論是事先墊高住家或是在看到氣象預報後撤出人員及貴重物品。

當時我去採訪的美國環保署官員亦憂慮沿海社區沒有做好防範措施，尤其是海平面升高導致災難性巨浪的風險遽增。馬塔波塞是新英格蘭地區特別令人擔憂的區域，因為當地飲用水供給會受到風暴潮影響。由卡羅萊納到新英格蘭的大西洋沿岸，海平面上升的速度是全球平均速度的三到四倍。如果三級或四級颶風襲擊馬塔波塞，可能的傷害將遠高於鮑伯颶風。

茱蒂．鮑爾（Jodi Bauer）的曾祖父母輩於一九〇八年定居在馬塔波塞，她對於如何恢復過去的記憶有一套看法。鮑爾是鎮上的美髮師，美髮院於一九二八年開幕以來的第三代，並且是第一位女性掌門人。她的母親出生在一九三八年的那場颶風，擔任市政廳辦事員達三十三年。她的父親是一名警官。茱蒂的童年在市政廳度過，聽到人們講起那場颶風的故事。長大之後，她自己經歷了鮑伯颶風。「有點像綠野仙蹤一樣。」她告訴我。我們在一個十月早晨開車在鎮上逛，空氣聞起來像潮溼的海灘巾和晚開花朵綻放的花園。「一些房子粉碎，一些則被捲到空中。」

鮑爾的想法是在鎮上顯眼的地點標示兩場歷史性颶風淹水的高度。她的兩個兒子都是童軍，於是她和當地一名十七歲的高中生賈德．華生（Jared Watson）提起這個主意，後者決定把它作為他的鷹級童軍專題計畫。

高個、好學、熱愛科學，賈德是這項工作的完美人選。他和政府配合，設計金屬圈及醒目的藍色標誌，安裝在鎮上各大路口與地標的電線桿。金屬圈標示一九三八年及一九九一年颶風的淹水高度，藍色標誌是解讀這些金屬圈的關鍵，路人可以掃描條碼以了解海平面升高造成沿岸水患的風險。美國環保署的科學家與華生及鎮上合作，計算歷史性水災的高水位，並做出未來的估算。

「這些記號以更明確的形式傳達風暴的歷史。」賈達對我表示。當天他召集其他童軍與社區志工，協助他安裝水災標誌。我看見那些標誌把颶風的歷史召喚到現在，讓人們想像水位上升，不是遙遠的地方，而是他們每天經過的熟悉場所。蓋聶表示，這些記號好像比他和其他本地官員做的傳單與宣布來得有用，因為人們開車經過鎮上時都會看到，時常且深刻地提醒著大家。

鮑爾同時向鎮裡的長者收集一九三八年颶風的口述歷史，許多人是在孩提時代經歷那場風暴，記憶猶新。他們講述故事的影片可在當地圖書館及網路上看到，鎮上領導人在社區活動時也會跟居民提到這些故事。馬塔波塞的居民在這場實驗之後對於下一次強大颶風能做好多少準備，仍有待觀察。我跟著工作人員在鎮上安裝標誌時，注意到開車或走路經過的居民向他們問了很多問題。他們展開對話，有時候是爭論歷史性颶風時的水位高度。

如同謹記以往海嘯警告的日本村莊，馬塔波塞互動密切，讓這個小鎮享有利用歷史來準備未來的優勢。這個小鎮還找到一個共同的活動來串連世代——投資於自己未來的年輕童軍，以及記得過去的年長風暴倖存者。

當我們需要想像自己一生中從未經歷的未來，或者是歷史上從未出現過的未來，該怎麼做呢？風險專家納西姆．塔雷伯（Nassim Taleb）認為，那就是造成最混亂改變的黑天鵝，亦即沒有前例、無可預測的事件。「活在今日的世界，需要比我們既有的還更多的想像力。」他寫道。或者，如同史丹佛科學家凱薩琳．馬赫（Katharine Mach）及日野美幸（譯音，Miyuki Hino）在哈維颶風於二〇一七年夏天肆虐休士頓，造成數日水患之後所說：「史無前例已逐漸成為常態。」

一九七二年九月五日，巴勒斯坦恐怖組織黑色九月在慕尼黑奧運選手村殺了兩名以色列運動員，另外抓了九人，要求二百三十四名巴勒斯坦人自以色列監獄被釋放。翌日，九名人質都被恐怖分子殺害。

這起事件對所有相關人員而言都是史無前例，儘管歐洲其他地方曾發生恐怖攻擊，但沒有明顯的歷史先例，至少對奧運主辦單位和慕尼黑官員來說沒有。

當天早上西伯抵達有關當局聚集的地點時，現場一片混亂。各個執法單位的性格互相衝突，主管權限亦模糊不清。他對於自己因應危機的意見不被接受而感到挫折，數小時內便辭去職位。數小時後，綁架者屠殺以色列人質。原本歡欣的運動會在全世界轉播的機場停機坪槍戰當中落幕。

西伯並沒有準確地預測未來，也不是像神話裡的卡珊卓有著千里眼，古希臘劇作家阿奇里斯（Aeschylus）曾描述她所受到的詛咒是預見特洛伊城的毀滅，但大家卻無視於她的預言。西伯僅是預見到可能的未來。

在幾個月之前，德國主辦單位在看到西伯構思的情境時，顯然無法體會猶太運動員在德國參加奧運時被綁架及撕票的恐怖經歷。如果他們能夠體會的話，便會覺得應該至少採取一些基本安全措施。

我們不可能規劃所有可能的未來情境，尤其是成本高昂的時候。大多數的未來風險都不像是近期颶風可以準確預測，相反地，其本質是無法預測的，科學家稱為動態系統所做出的惡作劇。有人可以想像到終究確實發生的未來，並不意味著有人確信它一定會發生。

表面上，一九七二年西德奧運主辦單位明白有必要考慮可能的未來風險。他們找來一位專家想像可能的情境。就我們對想像力的了解來說，那似乎是避免草率決定的有效方法。

但是，他們的努力白費了。西伯提供主辦單位需要因應的威脅，並且極為詳細地描述。安全官員與奧運主辦單位卻拒絕考慮某些情境。

為什麼西伯的情境無法說服任何人採取預防措施？為什麼像他和我等無數人未能說服大家相信我們描繪的未來景象？企業智庫全球商業網絡（Global Business Network）創辦人彼得・史瓦茲（Peter Schwartz）表示，情境誘發人們的心理免疫系統以抗拒他們不想經歷或不相信自己會經歷的未來。有著數十年情境規劃經驗的史瓦茲發現，人們往往鎖定在自己偏好或認為最有可能的單一情境，只為那種情境做出計畫，讓情境發想的目的完全失效。

研究道德認知與展望的哲學家彼得・雷爾頓（Peter Railton）對我表示，試圖思考未來是困難的，因為可能性太多了，他則偏好把這種可能性稱為自由程度。在思考近期時，例如我們今天午飯要吃什麼，我們的認知不受控制、即興發揮。相較之下，思考未來事件需要強大的心理控制，時間距離越是遙遠，這種事情就越困難。我們認為未來可能有越多可能性，便越難把自己連結到任何結果並相信其真實性。「我們比較擅長思考一個明確的未來事件，在各種可能結果當中抽出的那一個。」他說。這便造成一個難題，當我們思考單一情境時，我們很可能忽略了其他可能性。

我們可以合理假設，慕尼黑奧運主辦單位內心從未感受過西伯想像的情境。他們不曾經歷我用虛擬實境在珊瑚礁游泳所有過的感受。那些情境很抽象，很容易忽視。

西伯亦描述數種末日情境。當人們面對黑暗的未來，反而可能更重視眼前的擔憂，而不顧將來的後果。「若我們覺得無法控制迫近的末日，我們可能會放棄而活在當下。」澳洲演化心理學家湯馬士・蘇登多夫（Thomas Suddendorf）表示。我們現今對於人類如何演化到具有遠見的了解，大多來自於他的貢獻。「當人們面對負面未來，很多人會想著『啊，一切都沒救了，反正我無能為力』。」他這麼跟我說。

人們對末日情境的反應或許可以說明，為何西伯被要求對「歡樂」的奧運描繪較不可怕的未來。抑或官員們只是不想採取任何行動。泰國前氣象局局長史密斯・哈馬薩羅加（Smith Dharmasaroja）於一九九八年倡導設立海嘯預警系統，以警告印度洋可能發生的海嘯，結果遭到政府撤職。他的長官們主張，海嘯預警系統可能嚇跑觀光客，因為他們會覺得泰國不安全。六年後的大海嘯造成逾二十萬人喪生，包括數千名泰國人；死者大多是觀光客。

情境規劃很受政府與企業歡迎。社群與社會由此覺得他們可以練習對未來發揮遠見。不過，具有相同文化或理念的團體，往往相互增強彼此對於空前未來風險或機會的否認心態。

這跟喀麥隆父母或者職業撲克玩家正好相反，文化常態鼓勵了他們的遠見。相反地，一些文化不鼓勵注意未來的威脅，因為領導人或團體基於政治、利益及個人偏好而看重眼前。他們往往沒有察覺可以幫助自己克服短見的其他文化慣例。

然而，史瓦茲觀察到，當人們被迫實際參與想像未來情境時，便可以突破他們的心防。史瓦茲曾任職荷蘭皇家殼牌集團，協助高階主管與經理人規劃情境，例如石油危機及戈巴契夫時代的蘇聯實施開放政策。史瓦茲寫道，一九八〇年代初期有一段時間，他很難說服殼牌主管採取極端情境，例如石油輸出國家組織（OPEC）崩潰。後來，他提出數項電腦模擬的未來情境，請他們扮演各個情境之中的主要角色，像是伊朗及沙國油長與其他石油公司高層，這才說服他們。活動結束後，殼牌高層終於正視先前他們懷疑的嚴重風險，包括伊拉克入侵科威特，此一事件於一九九〇年真的發生。史瓦茲稱之為預演。令我訝異的是，不若西伯的做法，史瓦茲的方法更像是戲劇製作或是兵棋推演，而不像是現實中為未來規劃。

我第一次遇見帕布洛．蘇亞雷斯（Pablo Suarez）時，他正在特勤局幹員面前扔飛盤，寬鬆外套底下夾著一對大型毛絨骰子。我在二〇一四年邀請他到白宮來，當時我擔任氣候變遷創新高級顧問，想要協助社群為天氣災難預做規劃。蘇亞雷斯曾經與紅十字全球團隊合作，協助世界各地社群對旱災、水災和熱帶風暴做好準備，而不只是善後。他的目標是將人道援助的努力轉移到災難預防，而不只是災難救助。蘇亞雷斯身形瘦長，說話爽快，帶著濃重阿根廷口音，一臉灰白鬍鬚，眼神調皮。我覺得他跟華府穩重的廳堂格格不入，我比較可以想像在鄉間道路遇到登山的他。這一切令我懷疑是否有必要聽他的意見。

蘇亞雷斯跟我說，分享關於未來的威脅是一回事。他指的是援助人員跟農民們分享預測，好讓他們預防旱災，或者是科學家與開發銀行分享預測，希望說服他們投資在氾濫河流的上游種樹。讓人們情緒性感受到他們對未來所做決策的後果，才會更為深刻、更加感人。蘇亞雷斯相信，經由簡單的遊戲便可模擬這種體驗。他是波士頓大學帕迪中心研究員及紅十字會／紅新月會氣候中心副主任，設計了數十種遊戲，全世界上萬人都已經玩過，包括撒哈拉以南非洲的小農、氣象官員、國際人道捐款者、政壇人士和保險業主管。這些遊戲的目的是要讓人們宛如親身感受到對於未來危險的預言而採取行動。

例如在塞內加爾，蘇亞雷斯和他的團隊跟一個小島的居民玩一項遊戲。當地人時常在可以預測的風暴中喪生。遊戲玩家先是抽取一張代表情境的卡牌，比如即將來臨的暴風雨。接著玩家由行動卡牌之中挑選，例如把小孩送到祖父母家，或者尋求庇護所。然後他們會看到預測的結果，以及他們的決定有何後果。重複這項遊戲令人明白，暴風雨並不是每次都會造成災難，但是在嚴重風暴襲擊時，慘重的後果往往是可以預防的。

蘇亞雷斯和災難救助人員玩另一項遊戲，讓他們明白面對災難預測，他們事先分發帳篷等救災物資以及坐等災難發生，兩者之間有何差別。遊戲玩家先拿一把豆子。豆子是用來付款以購買預測，在極端氣象事件之前或之後支付物資的配送。玩家先決定要怎麼做，再擲骰子看洪水是否發生。

在這項遊戲中，預防措施所須支付的豆子數量遠少於事後救災的數量。這是模擬真實世界的情況，當橋梁被沖毀、道路無法通行，救災的成本遠高於事前預防的投資。

在與人道援助組織打交道時，蘇亞雷斯發現他們害怕徒勞無功，也就是說，花費時間與金錢，根據科學預測去採取預防措施，但實際上沒有發生大水或饑荒。然而，一旦災難確實降臨，人們又悔恨沒有預先防備。這些遊戲顯示，我們有可能在事件發生前去評估選擇的後果，一般人卻很難深刻體會可能的結局。他的遊戲藉由看到與感受可能的情況，幫助人們在不確定性之下前進。

蘇亞雷斯相信，遊戲可讓社群了解並感受到大多數人一生中或者至少最近不曾經歷過的災難後果。在遊戲裡，你可以模擬小小決策何以釀成人道危機，例如不曾投資於預測或保險，不願種樹以防止洪水沖刷分水嶺。有時，遊戲亦幫助人們為未來做出明智抉擇。

職業生涯大多服務於海軍分析中心（CNA）的數學家兼研究分析師彼得・柏拉（Peter Perla），被公認是兵棋推演專家。數世紀以來，這種遊戲被用以模擬戰爭及沙場上的情境。兵棋的歷史可回溯數千年到中國將領孫子發明的布陣遊戲以及古印度象棋（chaturanga），後者被視為現代棋類遊戲的起源。這些古代遊戲主要是模擬士兵在戰場上的布陣，亦啟發小說家威爾斯（H. G. Wells）設計玩具士兵遊戲。現代兵棋此後發展為包括戰略問題，要求軍事領導階層演練敵軍及盟軍可能發生的情境。

柏拉向我說明，由於遊戲訓練人們做出決定，可以製造情緒與心理壓力。這種情感往往是預測未來的心智練習所欠缺的，包括情境規劃。遊戲因此可以對人們如何看待未來潛在威脅與機會產生更深遠的影響。在玩遊戲時，我們不只思考，同時也在感受。

柏拉認為，遊戲在虛構與現實之間占據一個獨特領域，開啟一種可能性，讓人們放下他們對某些未來情境的不信任。玩遊戲的人對於情境的了解，彷彿看著電影或文學作品的展開。因為一開始就不是現實，人們不會立刻懷疑其可能性。然而，和看電影與讀小說不同的是，遊戲玩家並不是故事的被動觀察者，而是主動參與者，必須在這個虛構世界做出真實決定。玩家亦必須面對遊戲決策的後果，包括其他玩家反制、意見不合或慘敗。

美國總統柯林頓讀了理查．普雷斯頓（Richard Preston）的小說《眼鏡蛇事件》（*The Cobra Event*）之後，在一九九八年玩了一項兵棋推演，重點是美國民眾遭到生化武器攻擊的潛在風險。這項白宮推演是為了回應總統對生化恐怖攻擊風險的好奇心。一個月內，總統便召開生化恐怖攻擊的特別內閣會議，進而要求國會在反恐預算增列二億九千四百萬美元的經費。

兵棋長久以來被用於塑造軍事戰略及國家備戰。舉例來說，一九二〇及三〇年代海軍軍官玩的兵棋系列，幫助他們預測二戰對抗日軍的許多層面。海軍戰爭學院在兩次大戰期間舉行過三百多次兵棋推演，其中一百多次的重點是對日戰爭的戰略問題。史蒂芬．斯洛曼（Steven Sloman）和菲力浦・芬恩巴赫（Philip Fernbach）指出，突襲珍珠港在事發之際雖屬意外，其實早在預料之中，大多數美國民眾當時甚至都已預料到對日本戰爭。一九四一年，小羅斯福總統下令太平洋艦隊由聖地牙哥基地移防到夏威夷，正面因應日本侵略。（可是，好像沒有兵棋預料到神風特攻隊。）海軍兵棋凸顯的風險，使得戰爭情境更容易考慮，以及設定動員計畫以防禦太平洋。一名海軍少校稱讚兵棋使得海軍掌握未來戰爭可能展開的局面。

二〇一七年一個溼黏的夏日，我到國防部去會晤打造今日兵棋的美國政府專家亞當・佛洛斯特（Adam Frost）與瑪格麗特・麥考恩（Margaret McCown）。國防部兵棋團隊在二戰結束後便成立，現在直接向參謀首長聯席會議主席報告，也就是美國地位最高的軍事指揮官。佛洛斯特與麥考恩向我介紹他們設計的兵棋，參與者包括軍方指揮官與白宮及聯邦機構高階官員，還有外國盟國。許多兵棋屬於機密級，但一些層面可以在這裡公開。

麥考恩與佛洛斯特表示，兵棋最重要的是幫助人們思索先前無法探測的情況。例如，一項有關美國在中東立場的兵棋要求參與者思考沙國國王逝世的情境。所有參與者都有各自的角色，並且要對這個情境做出決策。在這類兵棋，設計者必然會設定一組紅隊，即敵軍，有時也會設定盟國或中立國。在遊戲之中可能出現一些轉折，讓人們思考事出意外時，他們應該做出什麼決定，以及可能出現什麼好或不好的後果。

佛洛斯特向我說明「口袋世紀」（Pocket Century），這項兵棋是應美國國際開發署

（USAID）的要求而設計，參與者是歐巴馬政府高級政府官員。當時，美國政府透過國防部及其他部門，盡力想要避免伊拉克摩蘇爾水壩崩潰。這個位於底格里斯河上游的水壩，是中東最大水壩之一；底格里斯河由伊拉克北部邊境往南流到巴格達，再流入波斯灣。控制水壩是對抗伊斯蘭國（ISIS）的關鍵。

但是，USAID以外的美國官員大多沒有想過，萬一水壩真的崩潰，會有何下場，以及美國該怎麼辦。其後果嚴重到不堪設想——一百多萬伊拉克人可能被淹死，這場人道災難將讓伊斯蘭國有機可趁，擴大其勢力。

口袋世紀模擬摩蘇爾水壩崩潰。兵棋顯示，如果水壩崩塌，美國在伊拉克的一切努力都將化為烏有。參與兵棋的USAID代表指出，他們希望在危機時增援該地區，可是國防部官員表示他們無法在混亂當中提供保護，反而必須撤退。他們認為國防部的任務不是阻止人道災難，而是在可行時擊敗敵人。透過兵棋，領導者明白水壩崩潰將導致美國戰略全盤瓦解，政府兩大股勢力對於如何因應意見分歧。

兵棋推演後，時任國務卿約翰·凱瑞（John Kerry）提撥經費以因應水壩可能崩潰，包括指定專款預防洪水及設立該地區伊拉克民眾預警系統。歐巴馬總統在與伊拉克領袖會晤時，將之列為首要議題。雙方合作以預防危機。

不論是為了和平或戰爭，角色扮演的兵棋涵蓋人們否定或不完全相信的情境，才能發揮最佳功效。然而，遊戲的作用也受到那些情境的限制。

柏拉表示，兵棋設計者的一個陷阱是排除罕見、不好的事件，例如水壩崩塌，因而增強參與者過往經驗造成的偏見。他指出，兵棋設計者必須立場超然，才能設計出原已在考慮之中的可能情境，以及超出參與者視野的情境。

話雖如此，沒有情境設計者可以設想到各種可能發生的後果，因為一些極端事件根本無法預測。如同諾貝爾經濟學獎得主湯瑪斯．謝林（Thomas Schelling）所說：「無論分析得多麼嚴謹或者想像得多麼入神，一個人無法列出永遠不會在他身上發生的事情清單。」我所訪談的兵棋專家表示，在遊戲中設定扮演敵軍的紅隊，以及決策享有完全自由，有助於解決這個問題。由職位尚未牢固或不擔心權力不保的年輕人來扮演這些角色，有時可以在遊戲中激盪出狂野的情境。就像馬塔波塞的洪水計畫，代間團體可以發揮更大的遠見。

兵棋如果設計得太過頭，也會失敗。假如它們將未來情境描繪得太過無望，參與者會喪失控制感。二〇〇一年一項名為「黑暗冬季」（Dark Winter）的生化恐怖攻擊兵棋，對參與的美國官員造成了偏執及無助感，即便只是聽取簡報的官員也是。記者珍．梅爾（Jane Mayer）報導，副總統狄克．錢尼（Dick Cheney）看了兵棋黑暗冬季的影片後，主張應該全國施打天花疫苗，在九一一恐攻後的炭疽桿菌陰影籠罩下，他躲藏在一個地底碉堡。該項兵棋設定的天花病毒傳染率遠高於可能的速度，大量的死亡亦超過所有參與者所能阻止的程度。其結果毫不激勵人心，只是徒然由絕望的惡夢中驚醒。

我猜想兵棋是否可以運用在防範氣候變遷的社群。勞倫斯・蘇斯金（Lawrence Susskind）為我解答了疑惑。他是哈佛法學院紛爭調解計畫的負責人，以及麻省理工學院都市計畫教授。他亦創立共識建立研究院（Consensus Building Institute），設計數千人的角色扮演談判與遊戲，協助加州農民與城市達成水權協議，以及以色列政府與阿拉伯貝都因人的關係解凍。兩年前，我在他麻省理工學院的研究室進行訪問，他總是在研究室的小圓桌會晤學生及同儕。桌上有一組由世界各地彩色晶洞所做成的一組磁磚，用來緩和學生的焦慮。對我也很有用。

蘇斯金和兩名博士生就海岸社群氣候變遷的情境，設計一系列遊戲。他們邀集鹿特丹、新加坡和波士頓，以及四個新英格蘭海岸小鎮的市府官員、都市計畫人員和居民，分成小組參與遊戲。參與者來自各行各業，有不同職業和社群考量。研究人員追蹤數百人玩遊戲的六個月期間，以及結束之後的兩年期間。他們發現，對城市與小鎮而言，這些遊戲大幅提升他們對當地氣候變遷風險的關注，與支持當地行動以防範風險的意願。他們將這項研究成果發表在二〇一一年的《自然》期刊（*Nature*）。

他們還發現其他結果。參與氣候遊戲的人對於本地採取行動可改善預防氣候變遷的信心明顯提升。面對災難預測，他們產生一種控制感。

建構多人線上環境以鼓勵人們解決現實世界問題的電玩遊戲設計師珍・麥高尼格（Jane

McGonigal）曾說過：「我們在玩遊戲時，會有一種強烈的樂觀心理。我們真心相信自己可以迎接任何挑戰，面對失敗也變得堅毅。」她指出，玩這種遊戲的人有八成時候都失敗，但是他們仍堅持下去。

換句話說，在玩遊戲時，人們產生一種力量感，更容易堅持下去而不會放棄。我覺得這點在現代社會極為重要——我們必須在面對未來時保持樂觀，才會覺得現在值得去奮鬥。社群可以藉由參與未來相關的遊戲，來凝聚那種力量。

第九章

芸芸眾生

——世代間傳承火炬

我與你們同在，這個世代的男女，
或者此後許許多多世代，
如同你們眺望河流天空時有所感，
我亦有所感，
如同你們在芸芸眾生之中，
我也在芸芸眾生之中。

——華特・惠特曼（Walt Whitman），〈橫過布魯克林渡口〉（*Crossing Brooklyn Ferry*）

社群與社會要如何才不會那麼莽撞，不僅是為了明日或明年，而是我們面臨的選擇將波及數個世代之際？

在水牛城一個冷冽的冬天，六個互不認識的人擠在一棟湖濱小屋，想要回答上述問題。這群人包括一名物理學家、一名人類學家、一名建築師、一名語言學家、一名考古學家和一名找尋外太空生命的天文學家。這群傑出人士是美國能源部桑迪亞國家實驗室（Sandia National Laboratories）挑選出來的。

他們的任務是想出方法通知遙遠未來世代，未來一萬年要住在地球的人們，關於新墨西哥州卡爾斯巴德（Carlsbad）以東二十五英里一處沙漠中的場所的危險性。該機構打算將一桶一桶的放射性廢料存放在地下洞穴，那是一九四五年被稱做「三位一體」（Trinity）的第一顆原子彈把天際染紅之後的數十年間，美國核武測試所產生的放射性物質。核廢料數千年間都將有害於人類與動物，因此他們想要設法標示貯存場，向時間距離比埃及金字塔建造者還遙遠的人們與文明傳達其危險性，就像太空中其他星球的外星人和我們之間的時間距離。

莫琳．卡普蘭（Maureen Kaplan）於一九九一年十二月加入，是這個團體唯一的女性及唯一的考古學家。她在麻州布蘭迪斯大學（Brandeis University）取得博士學位，論文是研究她所謂的醜陋陶器，埃及、黎巴嫩與敘利亞地區的古文明交易所用。由於陶器缺乏魅力，她得以說服博物館讓她採取一些樣本，以判斷陶土是來自尼羅河床或黎凡特（Levant）的紅土田野。這是調查陶器的製作者、製作地點與如何交易的線索。

不過，卡普蘭畢業時已是身無分文，想要盡快找到工作。她得到的第一份工作與考古學無關，而是記錄電廠附近的龍蝦族群數量，這些電廠將熱的廢水排放到沿岸海水中。一九八〇年代，她開始在分析科學公司（Analytic Sciences Corporation）研究核廢料處置的問題，結合她新近學到的環境研究數據分析，以及先前想像古早人類的考古訓練。

卡普蘭明白，她對未來人類世代、什麼標記或訊息可被他們視為警訊毫無概念。她懷疑有任何人可能知道。她只知道過去，可是她很熟悉過去，並且曾經在現今拼湊過去。她開始想像自己是一個未來世代，接收到古希臘與古埃及的模糊線索。她回想起一些案例讓她可以了解到過去，另一些則無法。這項工作似乎比預測未來容易。

在雅典衛城（Acropolis in Athens），雕像與建築因歲月久遠而龜裂侵蝕，經不起大自然的摧殘以及破壞者掠奪原先的青銅與大理石。相反地，吉薩的金字塔因為宏偉的規模而維持了將近四千五百年，來自當地採石場的巨大石塊難以搬動，也沒有因為沙漠熱氣而磨損。身為地標，它們歷久不衰，人們依然了解它們的用途是墓地。然而，金字塔建造者原先的用意卻失敗了；數世紀來的盜墓者偷走了原應陪伴法老到來世的寶藏。

卡普蘭想到英國巨石陣（Stonehenge）在比埃及金字塔更為潮溼的氣候中屹立了四千多年。那裡的砂岩與青石巨石是人類在英格蘭索爾茲伯里平原（Salisbury Plain）標示一處領土所留下的。巨石陣沒有值得盜取及再利用的貴重金屬或石頭。然而，這座紀念碑沒有把它原先的用意傳達給我們。不像金字塔與雅典衛城發掘到的文物，我們找不到解釋巨石陣的書寫紀錄，有關其用途長久以來眾說紛紜。

這些紀念碑都無法作為跟未來溝通的完美模式。我們已找到的時間膠囊也是如此。人們都是無意間才發現這些膠囊。

卡普蘭明白核廢料貯存場的標記必須經得起上萬年氣候變遷，承受夷平高山與鑿出峽谷的大自然力量，以及反覆無常的人類所做出的意外舉動。不像巨石陣，這個標記必須把可理解的訊息傳達給跟我們很不一樣的人。古代蘇美（Sumerian）的楔形文字是已知最古老的書寫語言，但和我們今日使用的所有語言完全不同。「我們想要給他們警告，但不想誇大其辭，」卡普蘭最近接受我的電話採訪時表示，「你不想說『摸一下石頭，你就死定了』。總會有人去摸，他們沒有當場發出哀號的話，你便毫無信用可言。」

如何向未來世代標示核廢料墳場，對二十世紀中葉以前的數千個世代都不構成問題。這個問題之所以產生，是因為人類的知識與工程力量與日俱增。憑藉著我們的科技，我們可以塑造未來人們的生存方式。雖然我們不清楚自己行動的確切後果，卻明白後果將長久持續。

核廢料是我們留在地球上最持久的印記，但是我們的其他選擇也面臨類似困境。我們日常使用化石燃料作為能源所產生的污染，正在改變未來世代的氣候。我們已經因為以前的人們沒有採取行動而遭逢世界各地的氣候災難，例如南極融冰與海平面上升的程度超越科學家的預期。即使我們在下週便立刻停止污染大氣層，我們以前排放的溫室氣體將持續造成大氣層暖化至少四十年。我們現在可以選擇在低地球軌道安裝鏡子或者在平流層灌入氣懸膠體以阻絕陽光，亦即所謂的地球工程（geoengineering），或是選擇擴大太陽能與風電廠及高效能能源技術以逆轉地球的暖化趨勢。

我們這一代的科學家已經有能力編輯人類胚胎的基因密碼，這項技術名為CRISPR。它可以用來刪除造成遺傳性疾病的基因變異，或是製造可以形成某些特徵的變異，像是髮色、運動能力或智商。但是若在胚胎遺傳性狀進行基因編輯，將無可挽回地改變未來世代的人類演化進程，因為我們在基因庫插入可能遺傳的特徵。儘管擁有這種能力，我們並不完全了解下游的後果。大多數的基因組都是仍未探究的領域。在少數我們已知的人類基因變異，我們已發現代價：基因CCR5可以讓人對愛滋病免疫，卻會增加感染西尼羅病毒的風險。造成鐮刀型貧血症的基因變異卻可以保護人們不感染瘧疾。

我們擁有普羅米修斯般賦與生命的能力，可以做出影響未來世代的決定，無論是改變未來的氣候或是改變人類這個物種，我們因此肩負空前的責任。然而在大多時候，我們都缺乏跨越時空的思考與計畫能力。

大多數人的想法都不會超過未來一個世代或兩個世代。這是合理的，因為我們的情感聯繫主要延伸到我們的子女、孫子女、姪兒與外甥。期待我們去關心及理解素未謀面的人，無論是遙遠的空間或時間，反而是不合理的。新聞報導與旅遊至少會讓我們對世界上偏遠地方受苦受難的人們產生一些親近感，但我們不會對時間距離遙遠的人產生這種感覺。

一九九一年卡普蘭在水牛城開會的那個小組，後來在新墨西哥州跟第二個小組會合，一同交流意見。這些專家的共同結論是，沙漠貯存場的標記應該使用鋸齒邊緣的方尖碑及多種語言的警告，以及恐懼表情的臉部照片。然而，即便是專家也承認這是無用之舉。他們認為，五百年後，人們受到這些訊息警告的可能性將大幅下降。或許人類文明，至少是他們所知的部分，早已不存在。我們不可能確定遙遠的未來將注意到這項警訊。

這個在一九九〇年代初期組成的團體並不是第一個思考如何將我們這一代的核廢料風險傳達給遙遠未來世代的團體，也不會是最後一個。一九八〇年，美國政府就如何標示商業化核電廠廢料的未來貯存場，諮詢數名技術專家，包括卡普蘭。各種稀奇古怪的想法被提出，包括基因改造貓咪，讓牠們的毛在受到輻射時變成綠色，這個主意是假設人類與貓咪的長久陪伴關係將持續到日後。其他主意則很膚淺，例如骷髏頭與交叉骨頭的警告標示。即使是今日，這個符號也可能會讓人想到毒藥或海盜遊樂園。

語言學家湯馬士．謝伯克（Thomas Sebeok）在一九八一年表示，核廢料問題需要的是原子祭司，一種類似共濟會（Freemason）的智者組織，將核廢料貯存場的知識傳承給未來世代，說明一萬年後可能遺失或誤傳的訊息。他並且提議在各種宗教加入描述核廢料危險性的神話，以口述方式代代相傳。截至本書寫作時，這些主意皆未獲得採納。

數十年後，二〇一四年，另一群科學家、歷史學家、藝術家和人類學家在法國凡爾登（Verdun）開會以解決這個問題。這場會議是由三十多個民主國家組成的經濟合作暨發展組織旗下核能單位所召開，他們稱之為「建構記憶」（Constructing Memory）大會。

雖然各個團體提出有趣的實驗性想法，是否有任何想法會獲得實施仍不得而知。這種策劃或許可以激發人們對未來的想像，類似萬年鐘，卻算不上是實際的計畫。

另外，芬蘭工程師則在興建全球第一座商業核廢料長期貯存場，預定於二〇二四年開始掩埋放射性物質。核電廠反應爐的用過燃料（spent fuel），相對於新墨西哥州掩埋的核武測試廢料，對人類與動物的危害長達一百萬年。美國試圖在內華達州尤卡山（Yucca Mountain）設置核廢料場址的計畫已遭到擱置，部分原因是公眾反對以及前參議員哈利・瑞德（Harry Reid）等有力人士的阻撓。

斯堪地那維亞最終處置場「安卡羅」（Onkalo，芬蘭語「藏匿處」之意）的建築師希望，森林會遮蔽住地下隧道入口處。冀望一百萬年後的人類會遺忘這個核廢料處置場址，實在太天真了。現在我們使用衛星與無人機可以探測地球表面到細膩程度，人為影響的印記一覽無遺。海洋探險家連幾百年前的遇難船隻都已找到。

世界各地的人們數十年來一直企圖解決核廢料問題，顯示全體人類想要對未來負責，至少就我們對科技與毒素所知道的期限內。然而，人們不斷在規劃遙遠未來時遭遇失敗，理由很充足。

舊石器時代的穴居人無法預見數千年後底格里斯河與幼發拉底河流域孕育出來的農田與文明。建立起民主概念的古希臘人不知道他們的想法將造成數個世紀後推翻君主政體的革命。十九世紀英國紡織工人無法想像，僅僅一百年後，他們的後代大多不是購買鄰近工廠的商品，而是遠渡重洋而來的中國製造鞋子與T恤。他們的子孫將搭乘飛機，飛行在平流層，由東京抵達洛杉磯。

我們越來越難預見未來世代會經歷哪些事情。我們的發明已在每個世代造成重大社會改變，甚至是我們一生當中便可看到。當我的父母移民到美國時，他們的信件要三週時間才會寄到印度家鄉。他們從未想過會有網際網路、智慧手機、全球即時通訊、社群媒體，或是GPS導航。不過十年前，我都想不到會有無人機把包裹送到我家前門，3D列印機做出手槍及人體動脈，或是會開車的機器人。不久之後，我們今日無法預測的其他科技將完全改變我們所知道的世界。

可是，並不是人類歷史上的每個世代都覺得下個世代的世界將無法預測。事實上，有一段很長的時期，人類生存的許多基本特色都維持不變。科學作家麥可・薛默（Michael Shermer）指出，雖然由文明萌芽到發明飛機之間花了一萬年，第一趟大氣層飛機飛行到登陸月球之間只花了不到七十年。數十年後，我們便會覺得現在的世界變得很遙遠。雷・庫茲威爾（Ray Kurzweil）在二〇〇一年發表的經典文章〈加速回報定律〉（The Law of Accelerating Returns）指出，人類歷史上費時二萬年的進步與破壞總量，今後只需一世紀便可達成。

不只是科技比之前人類進化時代更快速地改變，我們的社會也是。薛默計算了古往今來六十個文明的平均壽命，由古代蘇美與巴比倫、埃及八個王朝到羅馬帝國，還有中國歷朝歷代，到現代歐洲、非洲、亞洲和美洲國家。他發現，這些文明的壽命，平均四百二十一年，自羅馬帝國毀滅後便不斷縮短。

科技與社會快速變革所引起的集體不滿，在一九六〇年代有了一個新稱謂。艾文．托佛勒（Alvin Toffler）把我們社會上經歷的文化迷惘稱為「未來衝擊」（future shock）。在一九七〇年的同名著作當中，托佛勒認為，這種集體的痛苦，造成人們在思考未來時陷入癱瘓。哲學理由亦可能讓人覺得考慮未來是沒有用的。不曉得什麼時候，小行星可能毀滅地球，核子末日也可能讓我們現在對未來的決定變得毫不重要。抑或如同經濟學家凱因斯的知名嘲諷：「長期來看，我們都會死。」

如果你支持混沌理論版本的虛無主義，你或許認為一隻蝴蝶在芝加哥拍動翅膀，將出乎預料地引發地球另一端的一場颶風。時光倒流的話，有人或許槍殺了希特勒的祖父母，而拯救數百萬人的苦難，或者以肉身為斐迪南大公擋下子彈，而阻止了第一次世界大戰。但是，他們怎麼會料到這些呢？

我們無法預測有哪個決定，無論重大或微小，可能引發連鎖反應而對人類未來造成特別影響。我們現今的決定不可能考量到棘手後果，但這不表示我們可以忽略所有決定的未來後果。某些情境，例如小行星毀滅地球，在可預見的未來極不可能發生，而其他情況，例如海平面上升，則幾乎必然會出現。

我們可不可以放自己一馬？無論是隨便棄置核廢料或是自暴自棄地讓地球暖化，我們不能在決定時不管未來世代嗎？

我們這一代對這個問題想都不想便會直接回答「可以」，就像過去數十年許多民主社會的決策忽視未來世代的權利。傳統經濟學的一項普遍工具足以證明這種漠視。

十年前我還是哈佛研究生時，發現了這項工具。我白天上課，週五與週六晚間則在《波士頓環球報》（*The Boston Globe*）編輯部工作，收聽警方頻道以報導深夜住宅火警、車禍和逮捕案件。我愛極了這兩件事的對比：新聞編輯部的即時性，因為我的工作是在新聞發生之際報導，以及研究所的知識性，我研究趨勢及全球經濟的潛在推動因素。

一個週一上午，因為前兩天的週末睡得特別少，我在課堂一直眨眼想保持清醒，此時教授說明一個觀念，將我由半睡半醒之間驚醒。這是我頭一回聽到經濟學家所說的「社會折現」（social discounting）。

在解釋這個概念時，教授說人們更加重視現在的報酬，勝過未來預期得到的相同報酬，是合理的。用白話來說，就是一鳥在手勝過二鳥在林，因為要從林子裡把兩隻鳥弄到手是要花時間的。我也覺得有道理，只要人們不過度重視眼前，不顧日後，就像我們時常做的。

教授接著跟我們解說，政府決策，甚至於整個社會決策，是如何採取折現的概念。舉例來說，當一個機構在考慮值不值得投資一座舊橋或設立一個全國野生動物收容中心，官員會評估其使用期限，以及該項目的好處與風險。官員會用他們覺得合適的市場回報率，把遙遠未來的報酬加以折現，也就是說，如果你把這筆錢投入股市而不是該項目，在相同期間會得到多少報酬。

我在抄筆記時，不可置信地搖頭。在學術殿堂，這種概念似乎合理。但在現實世界，用以評估社會價值與期望，它充其量是個不完整的方法，甚至是嚴重缺陷的方法。

基於你自己想要現在就拿到一些錢而不是下個月拿到更多錢，而把你自己的未來折現，這是你的事。可是，政府怎麼可以選擇一個數字來代表全體人民或社群對獲得未來報酬或逃避未來危險的重視程度？他們究竟是如何去想像未來人們對潔淨水源和空氣的重視程度？我們都知道人們對未來的看法各不相同，取決於他們對他們的環境、文化和處境感到急迫或滿足的程度。未來世代無法站出來說他們有多麼重視我們留下的或者剝奪他們的東西。他們在目前決策沒有發言的機會。

光是一個世代，就有無數案例說明投資的資金不代表未來獲利。政府資金支持基礎研究，進而促成網際網路與全球定位系統（GPS），如果把這些錢拿去投資在儲蓄帳戶或股市，絕對無法獲得那些項目對社會創造的回報。投入的資金永遠無法替代災難性臨界點之後損失的寶貴天然資源，例如現已不復存在的新英格蘭鱈魚漁業或者瀕死的大堡礁。再多的錢也不能取代西斯汀教堂拱頂壁畫或梵谷的〈星夜〉（*Starry Night*）。

社會折現則使得人們可以低估這些資源，以目前世代願意在假想的未來花用在那些事物的金額來進行交易，但其實他們永遠看不到那個未來。若是用這種方法，沒有國家會建造出布魯克林大橋、國家公園管理局或是中國萬里長城。難怪我們社會對於氣候變遷等深遠影響未來世代的問題漠不關心。

我們來考慮一個假設性的問題：你是否同意讓一百萬人在未來死亡，以拯救一個人今日的性命？或是犧牲數世紀後三百九十億人口的性命，以阻止一個人在今日死亡？經濟學家及倫理學家泰勒・柯文（Tyler Cowen）指出，大多數人基於道德觀點會給出否定答案，然而若是根據零以上的社會折現率，我們便會給出肯定答案，目前世代所受到的重視與未來世代相比，高到不成比例。柯文等經濟學家如今認清了社會折現對我們這個時代的傳承與知識造成的限制，甚至愚蠢，因此當我們在面對遙遠世代時，需要新的方法。

社會折現已成為西方民主社會用來評估集體決策的未來後果的主流方法。專家依賴社會折現率以評估未來事物對我們及我們子孫的重要性，然後告訴我們是否值得現在採取行動，以及行動應該有多積極。高折現率表示我們不重視未來，低折現率則表示我們更加重視。經濟學家對於應該使用什麼數字來計算一直爭論不斷，他們挑選的數字將影響到我們認為計畫或政策是在毀滅經濟或振興經濟。可是，一般人並不會審視這些數值，而在大多時候，這些數值亦無法反映大多數人的意見。

我們不能把社會漠視未來世代完全歸咎於社會折現，貪婪與軟弱的領導人才是罪魁禍首，沒有要求領導人盡職的選民也有錯。可是，這項工具象徵著政治及經濟體系不重視長期後果，亦被用來證明與遮掩領導人的短視決策。

以氣候變遷而言，社會折現率一直是個隱藏的關鍵因素，影響政治領袖與選民願意去因應這個問題的程度。我們是否值得今日對氣候變遷採取行動以阻止明日的人道災難？我們應該做到何種程度？如果我們藉由課稅或交易機制來設定碳價，應該要高到什麼價位？經濟學家與決策者在考慮這些問題時，會想到為礦工找新工作、重建道路與電網、減少使用能源、擴大風力與太陽能等綠能，以及能源儲存與輸送技術的投資成本。他們會想到海堤及脆弱地區遷村的成本。他們也會嘗試估算未來高溫世界對社會造成的未知成本——充滿氣候難民、農田森林毀滅、城市淹沒的世界。但是他們對未來後果的評估總是不夠充分。

對未來世代的關懷可說是人類的普世價值，跨越文化、政治藩籬及時代。儘管目前的狀況是這樣，漠視未來世代並不符合民主國家的創建原則，遑論主要宗教與無神論及不可知論的道德準則。

被喻為保守主義之父的十八世紀愛爾蘭政治哲學家艾德蒙・柏克（Edmund Burke）主張，社會是世代間的合夥關係。他在一七九〇年寫道，這種合夥關係「不僅是介於活人之間，亦介於活人、死者與未出生者之間」。

喬治城大學法學教授伊蒂絲・布朗・魏斯（Edith Brown Weiss）則認為，柏克所主張的合夥關係是政府與人民之間的社會契約，「旨在實現與保障每個世代與地球相關的福利與福祉」。魏斯在有關世代公平的經典研究之中指出，每個世代都應該為後裔保管地球資源的概念，「觸動所有文化、宗教與國籍的心弦」。

英國政治哲學家約翰・洛克（John Locke）援引猶太－基督教的教誨，主張人類只能使用部分的自然資源，必須為他人留下「充足而且同樣好的」資源。這種思維至少在理論上，見諸於世界各地受英國傳統影響的普通法與民法。

湯瑪斯・傑佛遜寫給詹姆士・麥迪遜（James Madison）的信件中，談到每個世代公平享用地球資源，「不受前人妨礙」。老羅斯福（Theodore Roosevelt）也說過我們對未出生世代的責任，「今日的少數人類」必須減少浪費資源。

公益信託的教義認為，為了現在與未來世代，某些文化與自然資源必須受到政府保護。這種觀念可回溯至古代羅馬與拜占庭律法，並且以現代民主憲法的語言傳承下來。法律學者麥可・布魯姆（Michael Blumm）記錄了非洲、南亞、南美洲與北美洲等十二國的司法判決如何引用這項教義。非洲不同社群的習慣法將活著的人視為地球過客，對以前與未來的人負有責任。例如，迦納的土地習慣法認為，土地的所有權是超越世代的。易洛魁聯盟的口頭憲法（Constitution of the Iroquois nation）指出，所有決定都必須顧及未出生世代的後果。

我們應該尊重未來世代的觀念亦滲透到基督教、印度教、伊斯蘭教、猶太教和神道教等宗教信仰系統。亦流露在大詩人的字裡行間，包括惠特曼、聶魯達（Pablo Neruda）、泰戈爾（Rabindranath Tagore）和艾略特（T. S. Eliot）。

雖然重視未來世代是廣為各種文化與意識型態接受的理想，問題是，它還沒有成為普遍的文化或機構慣例。我們認同的原則尚未在現實中造成影響，因而留下一片空白，讓社會折現等違背我們顧慮與義務的做法趁虛而入。

我們需要不同的思考與行為方式來表達我們對未來世代的關心，在這個追求立即性的時代，我們不是被定位為異想天開培育發光貓咪的幻想家，就是把未來災難折現的冷酷盜賊。我們需要像我們祖先那樣思考與行動。

幾年前，我到印度去探視祖母。童年時旅行的回憶如潮水般湧起，姊姊和我在頭髮上別著茉莉花圈，洗澡時拎著水桶沖洗我們溼黏的身體。記憶裡，祖母家的鑄鐵大門永遠為所有人打開：串門子的鄰居，嗚嗚叫的野貓，以及想要品嘗美國血液的大群蚊子。每天早晨，祖母黎明即起，在火爐上烤苦瓜和芥菜籽。

那次去探望時，她說要送我一樣東西。她囑咐我踩著一張搖搖晃晃的椅子，從她臥室的衣櫃上頭摸出來一樣她留給我的傳家寶。我們一起坐在硬得像棺材的床墊上，我拆開磨損的繩子，解開包裹著這件古董的蠟染布。

這件傳家寶原本屬於我的曾祖父，他名叫拉瑪錢德朗（K. V. Ramachandran），是位音樂及藝術評論家。他與被稱為「民族音樂學之父」的加州大學洛杉磯分校作曲家及教授柯林．麥菲（Colin McPhee）書信往返，為西方聽眾說明印度鼓的節奏。有時候他會對表演者大加稱讚，在聽過一名古典演唱者的聲音之後，傳出點石成金的佳話。我手裡拿的樂器是一把狄魯巴琴（dilruba），是為拉瑪錢德朗訂製的禮物，二十二根琴弦曾經迴響著令人想起喜馬拉雅濃霧中憂傷流浪者身影的琴音。

我不認得我的曾祖父，雖然我曾經讀過他的一些評論。我對他的認識不多，就像我在舊新聞影片看到華特・克朗凱（Walter Cronkite，譯注：冷戰時期美國最富盛名的電視新聞節目主持人），或者在美術館看到梵谷的畫作。我只有從祖母說的故事裡對拉瑪錢德朗有一些模糊的認識。他是祖母最景仰的人。他堅持她受教育，在那個時代，女孩們十幾歲便被送去做童養媳。他教她唱歌，並聘請教師教導她古典敘事舞蹈波羅多舞（Bharatnatyam），祖母嫻熟這種舞蹈，後來受邀為汶萊國王與英國女王獻藝。

現在，這件傳家寶換上閃閃發光的新弦，放在我的客廳裡。它勾起曾祖父的回憶與永恆之美，令我深深著迷。指尖撫摸木雕花紋與鑲嵌珍珠，輕撥琴弦，將我帶到未知的時空。我從未想過曾祖父，直到我擁有一件可以想起他的東西，感覺他彷彿活著。現在，我時常想起他，想起我未曾住過的祖宅，想起我不知道的過去。這是我的版本的《聖誕頌歌》裡頭的過去鬼魂。

儘管這個樂器今日為我所有，我知道它並不真正屬於我，它屬於家族的以前世代與未來世代。它屬於時間。在家族之中，傳家寶傳遞傳統、價值和過去的故事。它傳達一個觀念：未來世代對現在世代很重要，過去世代對未來世代也很重要。一些傳家寶保存下來是基於虛榮或懷舊，但依然表達我們對過去的關懷。每個世代擔任傳家寶的保管人，在其中灌輸自己的意義，同時延續其傳統。我的祖母從未彈奏過她留過我的狄魯巴琴，但她從來沒有丟棄它。即使她年紀大到無法從收藏處把它拿出來，她也明白它是一件稀世珍寶。它是我最寶貴的東西，不是因為我認識它原先的主人或他的意圖，而是因為它賦予我意義。傳家寶指派了一項任務給我，亦即引導它在時間裡旅行。

傳家寶將我們定位為祖先及後裔，與我們現在對社群與社會的想法大相逕庭。觸摸永恆物品的體驗，可以讓人跳脫日常生活的短暫體驗。我曾想過是否可以用這種方式調整我們的思考及行為，不只是對待我們自己的傳家寶，還有面對社會的共同問題？那會是何種光景呢？

例如，我們把自己想成是共同傳家寶的保管者的話，或許會更加重視留給未來兩個或三個世代的東西，但不會看得更遠了。這會使得我們傳下去的東西與我們認識及喜愛的人更有關聯，像是我們的子女、孫子女、學生和教子女（godchildren）。換言之，埋起來好讓一萬年後的人打開的時間膠囊不適合作為共同傳家寶。每個世代將灌輸下一代所需使用的知識及傳遞遺產。這些共享的傳家寶最適合的情況是，我們看不到遙遠的未來需要什麼或是什麼狀況，但我們知道有些寶貴的東西值得代代相傳，例如自然資源、文化遺產或科學知識。

以傳家寶來說，每一代既是保管人也是使用人。換句話說，傳家寶不一定要放在櫃子裡、不能觸碰，而是每一代都可以使用，只要不減損對下一代的好處。法學專家瑪莉·伍德（Mary Wood）引用魏斯的世代公平概念，提議將該原則應用於共享的自然資源，例如潔淨飲水與森林。伍德認為，我們應該把這些資源視為一項信託，每一代既是受託人也是受益人，將我們的角色明文寫入法律與條約。身為共同受益人，我們和世界上所有人共享信託財產，像是礦物、森林、海洋生命，因而有義務在一個世代公平使用。

當我們傳遞一項傳家寶，我們不會指示每個保管者該如何使用。相反地，我們把這個選項保留給下一代，像是不同的音樂家團體可以依據爵士標準做出不同的表演。保存共同傳家寶等於為未來保留多樣的選擇，以及我們傳承下去的知識。我們便不必猜測或命令未來世代該如何處置我們留給他們的東西。

社會上原已保留一些共同的傳家寶。我們保存文化傳承的要素，像是佩特拉古城、泰姬瑪哈陵和〈蒙娜麗莎〉，是因為我們知道它們對人類歷史的意義，並且是為了人類的未來。我們或許可以說，保存傳家寶的這種想法，使得美國的國家公園得以維持逾一個世紀，儘管土地與資源的需求越來越多，還有野狼等受保護物種在園區內增加數量所引發的輿論爭議。

二〇一七年，我去訪問哈佛大學經濟學家理查．澤克豪瑟（Richard Zeckhauser），在眺望查爾斯河的劍橋辦公室，門上掛著他兩個孫女的照片。七十多歲的澤克豪瑟並不是心軟的人，早年他是國防部長羅伯．麥納馬拉（Robert McNamara）的「神童」（whiz kids）之一，他們協助擘畫冷戰軍事戰略。澤克豪瑟向我表示，回顧人類歷史，他覺得不妨假設未來世代將比我們富裕。但他認為，這表示我們應該留給未來世代更多文化與自然資源，而不是更少。他說，他的兩個孫女或許會比我們更加珍惜波士頓美術館裡的中國瓷器，特別是假如她們比他這一代還要富裕的話。以這些瓷器的歷史與特色而言，它們是無法用金錢取代的。

澤克豪瑟與同事（前任美國財政部長）羅倫斯．桑默斯（Larry Summers）認為，管理遺產的原則可以推斷出影響未來人類的社會選擇。他們覺得，如果一開始就做得正確並延續下去，這個世代的努力可以為未來世代「樹立慷慨的前例」，並形成連鎖反應。

澤克豪瑟與桑默斯倡導實施更多政府計畫，教導每個世代他們所繼承到的東西，以及他們對下一代的責任。經年累月之後，我們所繼承的傳統將感覺更加神聖，更像是需要永恆保存的捐贈。舉例來說，澤克豪瑟指出，把大峽谷或黃石公園變成辦公園區將很難獲得民眾同意，不像川普總統於二〇一七年決定減少保護兩個知名度較低、最近才設立的國家紀念區：猶他州的熊耳（Bears Ears）和大階梯埃斯卡蘭特（Grand Staircase-Escalante）。

在我自己的工作中，我親眼見證社區如何將一項資源視為共同傳家寶。

十一年前，我前往墨西哥下加利福尼亞半島的最西端，那裡的沿岸都是漁村，是一個距離醫院、鋪面道路和城市數百英里的偏鄉。黎明時刻，機動船由港口出發，前往太平洋的遼闊海域。

我和九個漁村的龍蝦漁民在船上和陸地上相處了數星期，研究他們的漁業何以成為全球最受稱讚的做法之一。他們保護並振興了太平洋岩龍蝦漁業，而在同時，猶加敦半島的漁民則造成龍蝦族群大量減少，墨西哥海域的拖網漁船將鮪魚一掃而盡時，海豚也因為曳網而死亡。早在我到那兒之前，國際審查人員多年來一直觀察下加利福尼亞半島的漁業，以評估龍蝦族群的數量。

在我拜訪的漁村，漁民由他們的父執輩學習如何捕龍蝦，再傳給他們的子孫。自一九四〇年代開始，漁村便組成漁業合作社。一九八〇年代聖嬰現象造成當地鮑魚數量銳減，促使當地領導人團結起來保護龍蝦業，把它當成共同傳家寶，當成一項可以代代相傳的資源與生活方式。那些村莊的老漁夫，由原先捕撈龍蝦的狩獵—採集方式，轉型為海洋養殖，與社區及未來世代協力合作。

這九個合作社的漁民將餌料放在海床上的魚籠，用不同顏色的浮標區別各個船隊。數日後他們用船上滑輪拉起魚籠，用卡尺測量漁獲的尺寸。他們把超大隻、很適合育種的龍蝦丟回海裡，還太小隻的龍蝦也丟回去。和緬因州龍蝦一樣，太平洋龍蝦也沒有前螯，但有個多肉的尾部。半島上的小餐館與後院烤肉常見放滿香料的龍蝦肉。

這些合作社組成一個區域聯盟控管漁業，確保每個漁村與團體遵守規定，並阻止濫捕者。他們的漁業協議並不依賴政府執法。合作社擁有漁船及捕魚器械，用油漆清楚標示他們在海岸撈捕龍蝦的許可權。聯盟將每季可撈捕的數量分配給合作社。他們基本上是把傳家寶的概念運用在管理各社區的龍蝦漁業。

他們的漁業風格獨樹一格。世界上無數的漁民，由非洲維多利亞湖沿岸社區，到圍捕藍鰭鮪魚的地中海海盜，都是竭澤而漁，致使攸關數百萬人生計與溫飽的魚群數量銳減。

在下加利福尼亞半島的最遠端，除了捕魚之外沒有什麼經濟活動，捕龍蝦的未來等同於漁村及漁民的未來。這些社區的住家與公司在二十一世紀之初仍依賴發電機，直到二〇〇五年才有電網供電。近年來，一些以前打魚的漁民開始從事埃爾比斯開諾（El Vizcaino）生物圈保護區所帶動的新興觀光業，當地的溫暖海水每年冬季都吸引灰鯨前來生育下一代。

下加利福尼亞半島的漁業合作社極為親密，有助於管理他們的共同傳家寶。這九個漁村的規模都很小，地理位置相距不遠。他們具有相同的文化，間或有些友善競爭，由於半島與墨西哥本土隔絕，有助於長期的文化延續。龍蝦的活動範圍相對有限，具有相同價值觀及未來的人們因此可以管理，即便社區的情況不完全相同。（另一個有利因素是龍蝦受餌料吸引爬進魚籠，被捕上船、經測量尺寸後再丟回海中仍可生存，與其他魚類並不相同。）

這些漁村的漁民知道龍蝦業的命運就是他們的共同未來，就像全體人類共享地球的未來。在毗鄰的小村莊，人們彼此頻繁互動。他們知道大家以後還會繼續互動及協商。

在為本書進行研究時，我看到其他人的共同傳家寶。未來學家及科技專家史都華・布蘭德（Stewart Brand），曾啟發許多矽谷知名發明者與現代環保運動。我在二〇一六年訪問時，他提到建於西元前四年的日本伊勢神宮。一千多年來，木造的伊勢神宮每二十年便遷宮重建，在附近地區建造一模一樣的神宮，拆下的木材分給其他神社使用。布蘭德稱之為「活生生的紀念碑」，因為神宮得到永恆重生。我認為，伊勢神宮也是一個共同傳家寶，由連續世代管理，神道教的信仰灌輸他們必須維護傳統的責任感。這種儀式亦將建造神宮的建築工藝傳給了下一代。

另一個保存共同傳家寶的例子是義大利阿爾卑斯山被稱為「音樂之木」（Il Bosco Che Suona）的一座森林。三個多世紀前，安東尼奧．史特拉底瓦里（Antonio Stradivari）和他的同僚首先發現這座森林裡的雲杉，並用來製作史特拉小提琴。許多音樂家與工匠認為這種樹木的材質可以製作出世上最優美的樂器。製琴師細心培育雲杉，讓陽光照到樹苗，樹林生生不息。森林的文化傳承，以及各世代都需要提琴木材，使得森林不致被砍伐殆盡而無法重生。這片森林被當作稀世珍寶，不是金錢可以交易的。

在這些案例中，社區的規模，或是古往今來的文化延續，使得創造與管理共同傳家寶變得更容易。同樣地，遍布日本各地的數百座海嘯紀念碑之中，數百年後仍受到注意的那兩座也是位於小村莊，口耳相傳及學校教育增強了歷史，將警示傳了下去。

在民主社會，我們看到各式各樣的家族與文化歷史和利益。由於全球市場整合及科技運用，今日的社會急速變遷。在這種規模下，很難想像共同傳家寶會不時地出現。即便是一個小團體選擇作為一項資源的管理員，假如其他人忽視或者耗盡那項資源，出現所謂的公地悲劇，那個團體一樣發揮不了功用。所以，我們這一代很難看到可以保留給未來的共同傳家寶。

那麼，我們要如何在今日的進步社會把自己當成既是祖先又是後裔呢？我們需要建立一些慣例，讓決策者注重未來人類可能承受的後果。明智的政策可以鼓勵在貪婪及疏忽之下保護重要共同傳家寶。法律與政府計畫可以強迫一些草率的政治領導人與上市公司履行保管人的角色。歷史悠久的機構，例如大學、圖書館、慈善機構、教會和教堂，亦能發揮作用。利用這種架構，便可阻撓任何時代那些看重短期利得、不顧共同傳家寶的人。

美國國家公園管理局和聯合國教科文組織（UNESCO）世界遺產的案例正可說明，如何透過訂定法規與團體支持來落實共同傳家寶的保存。但是，不可以輕易改建為購物中心的國家公園與世界遺產，仍是今日社會對待前人遺產的少數例外。

面對可能置未來人類於險境的抉擇時，我們如何成為更優秀的祖先呢？

喬治城大學法學學者魏斯認為，若政府與企業有關自然資源與文化遺產的決策考慮到未來世代，便能更為積極地實現世代公平。魏斯在一九八八年著書《論未來世代公平》（*In Fairness to Future Generations*，暫譯）首度提出這個概念，並且建議聯合國指派一名負責未來世代的高級專員。她的建議仍未獲得採納。但是近年來有些跡象顯示，世代公平的原則終於開始被接受，即便不是在全球考量的層級。

世界各地一些司法判決與訴訟顯示，世代公平的觀念是有可能被寫入法律的。魏斯表示，至少二十個國家的法庭均在判決之中顧及未來世代的利益。在一些案例中，法庭將兒童視為未來世代的法律代表，像是一九九〇年代菲律賓一項經典判決，該國最高法院禁止核發木材業清除雨林的新許可，理由是侵犯年輕與未來世代享有「均衡及健全生態」的權利。

在美國，一項歷史性訴訟在本書撰寫時正在法庭審理當中。這件官司的宗旨是要求聯邦政府為使用化石燃料能源而對年輕人與未來世代造成的傷害負起責任，包括租賃聯邦土地作為石油、天然氣與煤炭開發之用。二〇一六年俄勒岡州一位聯邦法官同意年輕人控告行政機構，理由是政府造成氣候變遷而侵害他們的憲法權利。

印度最高法院在二十一世紀有兩項判決以未來世代權利為由，禁止砍伐森林與保護歷史性蓄水池。另外印度有兩件煤礦的官司，最高法院限制果亞邦（Goa）所能開採的礦量，並要求一家礦業公司必須為未來世代設立一份信託基金以補償採礦的傷害，才能取得挖礦許可。巴西高等法院則是在二〇〇七年至二〇一一年之間做出數項保護環境的判決，理由是我們對未來世代具有法律責任。國際法院（International Court of Justice）也已開始在其意見書考慮對未來世代的責任。

政府可以為未來世代權利發聲的另一個方法是任命特派員在中央政府代表他們。傳奇的海洋探險家雅克・庫斯托（Jacques Cousteau）啟發法國政府在一九九〇年代初期設立一個關於未來世代權利的委員會，由他擔任主席。（由於太平洋核武測試所引發的爭議，該委員會很快便無疾而終。）芬蘭也有一個由十七名代表未來世代的國會議員組成的委員會，以色列議會的未來世代委員會存續了六年，先行審查科學、衛生、教育、科技和天然資源相關法案，以評估對未來世代的影響及建議一些方法讓政府更具遠見。匈牙利、德國及威爾斯在不同時間點均曾設置類似的特派員職位。其中一些努力受到政治掣肘。關鍵在於維護這類職位不受政治操弄，確保任命的人員可信，堅持執行對未來世代的職責，而不是現今的特定利益。

假如我們把自己視為共同傳家寶的保管人，我們會如何處理核廢料的問題？我認為，我們對這個問題的看法將會改變。舉例來說，我們不會那麼執著於製作時間膠囊、紀念碑或訊息以傳達給五十個世代以後的人，儘管沉浸在那種幻想之中確實很有趣。我們也不會把核廢料隱藏起來，希望被人們遺忘，像是芬蘭的做法。按照保存傳家寶的傳統，我們將焦點放在未來一、兩個世代，提供他們知識與選擇，而不是留給他們更糟的處境。我們並且會嘗試灌輸他們對下個世代的責任感。

想要善待下一代的話，我們的重點不該是標記核廢料處置場，而是要想計畫處理目前暫時堆放在核電廠或儲存桶的核廢料。美國想要設立長期核廢料儲存處的計畫因為政治阻力已被擱置，我們或許需要成立一個代表未來世代的特派團體，與民間公司、政府和社群合作提出核廢料計畫。

為了確保未來世代盡可能擁有多種選項，我們不應該用無可挽回的方式掩埋核廢料，因為我們無法預期有朝一日人們或許會找到我們難以想像的用途。一些樂天派預見，將來人們可能利用核廢料來取暖。作家茱麗葉．拉比多斯（Juliet Lapidos）猜想，如果醫療持續進步，人們未來或許可以治癒輻射疾病。

我們或許也可以教導下一代認識核廢料及其危險性，以及我們今日儲存方式的假設依據。大學、圖書館與博物館等長久存在的機構，應該傳達核廢料的危險與潛在用途。我們或許應該開始教導學童認識核廢料，以及地球上掩埋的地點。

不是每一樣我們從父母地下室挖出來的物品都可以作為傳家之寶。同樣地，我們也不可能把每一樣大家共有的東西當成共同傳家寶。保管每種資源、工藝品或者數世代以來社會進行的投資，是不切實際的做法。但是，我們不妨找出值得作為共同傳家寶的最重要資源。現在當我們面對可能嚴重影響未來世代的選擇時，可以採取保存傳家寶的做法。面對高風險，甚或是永久的風險時，我們更需要傳家寶的思維。

我們不知道未來的人類會穿什麼，如何旅行，或在腦子裡植入何種裝置。但是我們知道，不管再久，人類都將保持基本的需求：求生存的欲望、維持生存所需的自然與文化資源。追求歡愉、知識、愛、美和社群。我們知道人類將追求一種時間的歸屬感，把他們跟過去與未來連結起來，就像祖先和我們今日所做的一樣。

在探討胚胎基因編輯的議題時，我們要把自己看成既是祖先也是後裔，而不是與時間隔絕的人，我們或許就會做出不一樣的決定。人類基因多樣性是我們的遺產，是我們抵抗疾病與其他威脅的一項資源。保存人類基因組多樣性，讓未來世代可以了解他們自己，以及他們那一代的福禍。為了留給未來最多的選擇，我們或許需要盡可能收集基因組的知識，編輯基因的好壞處，但要避免編輯人類胚胎而致減少基因多樣性或者讓日後世代不了解他們的祖先，也就是我們。我們可以利用這種技術來對抗疾病，但不要破壞基因庫。

氣候危機可望決定今日人類是前瞻邁大步的一代，或是最後享樂的祖先。這是一個重大議題，需要我們思考社會折現的做法，認清時空膠囊一無是處。我們相當確定社會當前的行動為現今與未來世代所造成的危險，包括社會秩序與公共衛生的威脅、海平面上升，地球景觀、海洋、淡水與生物多樣性遭受災難性破壞。我們亦明白我們現在可以做些什麼來減少未來世代的傷害，包括削減排放廢氣和防範災難，但是根據社會折現的計算，這些行動似乎太過昂貴了。我們這一代已達到地球暖化的臨界點，只是警告未來我們做了些什麼是沒有意義的。

我們有能力改變我們看待這個問題的視野，從避免經濟損失變為管理共同傳家寶，大氣層、海洋和地球的多樣景觀均可被視為需要永久保存的資源，使用時不得造成永久性毀損。具有象徵性的城市、森林、河流、草原和海灘，亦可視為值得作為傳家寶的文化遺產。我們需要設法去了解成本與好處，找出把資源當成傳家寶的執行方法，好讓社會採取行動以避免氣候變遷的最壞結果。法學專家伍德認為，我們可以設立自然資源的信託，社群、公司和政府都有責任保持我們交付保管的「本金」，而使用我們由自然資本所獲得的利益。

為了依據保存傳家寶的精神而留給未來世代更多選擇，我們應該加強投資有關再生與清潔能源的科學研究，以及交通運輸和組織城市與社區的新方法，好讓我們把這些科技傳承給未來世代。我們或許可以進行更多讓地球降溫的研究計畫，讓未來可以利用這些知識。

我認為，為了傳承共同傳家寶，我們需要加強年輕人與老年人之間的聯繫及連結，不只是我們的家庭，還有社區及社會。這有很多形式。地方與中央等各級政府可以設立場所與管道，讓年輕人在未達投票年齡之前便能參與政府，例如擔任市議會或部會的顧問。教會、寺廟、清真寺和猶太教會可以設立各個世代參加的團體，而不是把年輕人與中年人、老年人分開來。企業與機構可以指派理事成員代表未來世代的利益，諮詢年輕人的意見，不只是把他們當成消費者，而是觀念發想者與價值觀顧問。年輕人可以領導老年人，如同二〇一八年佛羅里達州帕克蘭槍擊慘案倖存的高中生所做的，他們展開一項全國青少年運動，要求父母們簽署合約，承諾在政治上支持更加安全的社區。老年人可以為年輕人進行社會運動，例如世界各地有一群「老奶奶」利用她們的空閒時間，倡議避免氣候變遷的政策。

我們這個時代要從莽撞草率變成高瞻遠矚，或許像是一項艱鉅的任務。然而，我們今日所做的許多選擇或許將埋下改變的種子。我們可以建立文化傳統、機構立法和常規，以關懷未來世代。我們的個人決定也很重要，從我們的選舉投票、與鄰居及社區互動，到我們如何對共同文化做出貢獻。當我們學會往前看，超越我們自己的人生與工作，我們每個人便可以為未來社會做出更大的努力。

尾聲
魯莽年代的希望

我們必須明白我們追求的目標是：
一個和平社會，一個對得起良知的社會。

——馬丁・路德・金恩（Martin Luther King, Jr.）

我清晰地記得讀小學時的晚春暖和日子。昆蟲掠過操場上的水坑，鳥兒在連翹叢裡喧鬧。同學和我在課桌椅上扭來扭去，等不及要放暑假。我們期待放暑假、歡迎放暑假。我想像自己坐進家裡的房車，展開十小時的車程，去到友人的海濱小屋，我從後視鏡裡瞄到奇特的車牌與公路告示牌，跳進海水時嘗到鹹味。我做好了計畫：帶哪些布偶，穿哪件泳裝，給哪些朋友寫明信片，如何說服兄姊讓我加入他們的牌戲。

即使長大以後，當我們期待以前曾經歷過的事情，我們可以發自內心感受到，彷彿在烘焙店外頭聞到剛出爐的麵包。我們可以看到未來的自己在做決定，感受到自己處在想像中的興奮狀態。我們為度假做決定、買旅遊指南，或是規劃婚宴賓客名單。我們想像自己將有的經歷，並樂在其中。

文化與機構增強了我們參與自己所期盼的未來的能力。朋友及親人的共同經歷，還有廣告和媒體，讓我們可以想像一場歡樂的婚禮。稅負優惠鼓勵我們結婚，對很多人來說這項承諾將持續到未來數十年。

反過來說，當我們害怕我們無法控制未來或對以往經歷過的事情感到恐懼，我們往往覺得焦慮，甚至麻痺。例如當我們想像自己變老變虛弱，我們的城市發生地震，我們喜愛的海邊或森林將因為氣候變遷而不復存在。至於如何面對讓我們懼怕的未來，文化與機構並未提供我們什麼共識，只是叫我們被動地接受我們將淪為受害者的預言。

本書寫到結尾時，我才恍然大悟，想要讓人們與社會變得不那麼魯莽草率，我們必須學習如何評估未來的威脅與機會，撇除情感麻痺或天真爛漫。我們需要方法去規劃災難性未來，而不是拒絕面對。舉例來說，我必須設法想像自己的老年，投入情感而不是逃避。以社會來說，我們必須規劃下一場黑色風暴的威脅，而不是像鴕鳥把頭埋進沙裡。在這些例子裡，我們必須由忽視或焦急地躲避未來，轉變為冷靜明智地預測未來。

當我們不斷被耳提面命，說未來有多麼可怕時，這點並不容易做到。我們每天都看到前方的警告標誌：難民危機，國債爆增，北極圈融化，海平面升高。沒有人想要這種未來。

我們聽到對於未來的嚴重警告，反映出人類逐漸了解我們行動的長遠影響以及近在眼前的威脅。然而，我們並不利用科學知識去避免危機。我們缺乏可以用想像力、同理心與代理機構的方法去思考不好的未來。因此，我們鮮少將我們對未來的知識轉變為塑造未來的力量。

理解到這點，讓我改變了想法，包括對氣候變遷，以及協助社群與企業因應未來地球更高溫、更混亂的任務。有識之士對於如何處理氣候變遷看法分歧，例如我們是否應該採取激進手段以阻止化石燃料廢氣，或者預防洪災、旱災和熱浪。捲入這項爭議的政治派系主要提供我們三種未來看法：氣候末日預言派告訴我們，若坐視不理，人類將面臨末日噩夢，像是毀滅性風暴、致命疾病、又擠又熱的城市。反之，不予理會派則說，抑制排放廢氣將癱瘓經濟，造成數百萬人失去煤礦與油田的工作。折衷派對於未來的看法，基本上和今日差不多。

以前在和企業領袖及社群討論氣候變遷時，我也會灌輸末日情境。這些情境並非完全無用：畢竟，科幻小說的末日景象有時可讓人們想像不願遭遇的恐怖。但是，當我聽到這些地球情境時，我也不想活在其中。大多數人不願多想比現在還糟的未來，甚至也不想活在和現在一樣的未來。當我們懼怕時，我們不會去想像及感受未來的自己，或者看到社群與社會解決問題。相反地，我們感到癱瘓。我們個人或整體不怎麼預先規劃氣候變遷下的未來，這並不是一種巧合。我們要麼不認真看待、過度樂觀，要麼我們覺得太過沉重、連想都不願去想。

描繪這種未來情境當然是有目的，亦即傳達對氣候變遷採取行動的迫切性，抑或是為了阻止我們採取行動。諷刺的是，氣候變遷的政治操弄妨礙了我們對個人與整體因應危機能力的觀感。我們的文化與機構一直在強化我們對於未來無能為力的看法。

現在我認為我們需要以新觀點來看待氣候變遷下的未來，我們要能夠看到自己採取行動，讓我們的社群、企業和社會在面臨實際威脅之下變得更好。我們必須能夠看到自己讓惡劣情況出現最好的結果，並且讓一般或良好的情況更加進步。這不代表我們要漂白氣候變遷的危險，而是要想像自己採取務實做法來加以因應。我們需要未來看起來比現在或過去更好的情境，而不是相同或更糟，這取決於我們的行動。角色扮演的遊戲是其中一個方法，參與的社群要在遊戲中設法避免天災。文化、媒體和機構亦必須增強我們希望的未來遠景。在盲目否認與悲觀癱瘓之處，我們需要注入樂觀的強心針。我們需要平衡急迫性，並持有工具，能夠有自信地展望未來。

證據顯示，新型態的樂觀可以幫助我們因應氣候變遷。在一系列的八項研究中，心理學家保羅．貝恩（Paul Bain）和同僚詢問將近六百名澳洲人，請他們想像特定情境下，二〇五〇年的社會狀態。他們被要求想像的情境包括，人們避免了嚴重氣候變遷，或者大麻及墮胎的法律放寬。（澳洲墮胎法因各省而異。）參與訪調的民眾信奉不同宗教，或是無神論者，或是不可知論者，其政治訴求亦不相同。在詳細描寫他們想像的社會情境之後，他們與訪談者講述共同的未來會是何種局面。之後，他們被詢問現在會支持採取何種政策及個人行動，以實現或避免可能的未來。

貝恩發現，每一項研究之中，當人們想像社會裡的溫情與道德提升時——他稱這種特性為良善——他們會最想去支持政策或個人行為在近期做出改變。無論是敬畏上帝的保守派或激進的無神論，都是這樣。

在另一項研究，貝恩證明，如果把減少排碳等行動列為人們在想像中的未來善待他人的方法，即使是否認氣候變遷的人也會被說服，認為「環境公民權」（environmental citizenship）是有必要的。人們合作解決環境問題、更為關懷與體貼的未來，或是經濟與科技更加進步的未來，這種概念會促使否認氣候變遷的人支持這類行動，即使他們並不相信人為造成氣候變遷構成問題。

這項研究並不能敲定這個主題，尤其是因為那些是假設性的決定，而不是真實世界裡的決定。然而，它建議了一個培養未來遠見的新方法，鄰居們合作解決氣候變遷，而在同時造福社區。它亦顯示，單是構想太陽能板或風電廠等科技是不夠的。為了鼓勵人們在今日採取行動，我們需要想像人們更有熱情。如同以往成功社會運動的領袖，政治領導人和文化仲裁者不妨提供熱情澎湃的圖像，像是社區民眾幫助老年與孩童度過熱浪，城市擁有便利大眾運輸和可供人民運動集會的翠綠公園。末日預言或許就會被未來氣候變遷的實際情境給取代，人們與社區不是被描繪成受害者，而是改變的代理人，熟人和陌生人攜手合作。我不是說，大家圍著營火大唱詩歌〈到這裡來〉（Kumbaya），便可解決氣候變遷，而是說我們需要培養一種共同代理人的概念，鼓勵更多人在今日為未來做出選擇，不論是選舉投票、使用能源或影響他人。

然而，用新方法去描繪未來，並不足以保障更美好的未來。我們還需要知道如何在未來不確定的威脅與機會之下做出決策。

在這裡，我們可以汲取那些發揮遠見以指點明路的人士的智慧。我在本書所談到的故事與研究，為我們這個魯莽年代傳達出五項重要心得。每一項都是具有明確行動的策略，幫助我們眺望遠路，並且保持正確方向。

一、**眼光放長遠，不要只看近期目標**。我們可以避免因為短期雜音而分心，藉由衡量立即結果以外的事物來培養耐性。在個人層面，我們可以避免使用單一數據點來評量我們人生或工作的進展或成就，而是要對長期目標採取反省的方法。組織、社群與社會，可以使用數個指標，找尋更為貼近他們最終目的之事物。在投資公司、企業、援助機構，我們可以提出一些問題以了解潛在的機會與威脅。我們可以追蹤數據的長期趨勢，而不是只看一張快照；我們要了解的不是我們當下做得好不好，而是長期成果。經常擺脫工作與生活的細節瑣事，並且保持小規模的組織，都是有幫助的。

二、**激發想像力**。我們可以提高想像未來可能性的能力。以個人而言，我們可以創造更多的定錨，讓我們能據以想像未來，無論是我們栽種的花園、寫給未來自己或子孫的信件，或是利用虛擬實際及其他科技體驗未來風險。我們可以留給自己一些時間，隨意想想未來的情境，採取「如果／就」的方法，讓我們想像自己經歷那些情境。組織與社群可以培養對於未來風險與機會的想像力，藉由逆壓力測試及前瞻性後見之明，以及事後重演，讓人們了解遲來的結果。我們亦可利用有獎競賽來激發發明者與問題解決者的想像，不然他們或許不會關心未來的問題。角色扮演的遊戲，由不同年齡、經歷與看法的團體參與，可以協助社群及組織在災難當中找到行動的機會，並且在恐怖的情境中生存，而不是加以漂白。企業及社會可以記取長遠歷史與不同可能性的案例，以審視未來。具體的未來願景可以促進社會運動，以克服眼前的障礙。

三、**創造未來目標的立即回報**。我們可以找尋方法讓長久對我們最有利的事物，在目前就獲得回報。以個人與家庭來說，我們可以在向未來目標邁進時獎勵自己，或者實行計畫，在保障我們長期利益的同時提供立即的引誘，例如結合樂透與儲蓄帳戶的計畫。企業可以設法將長期研究運用在立即的挑戰，發明或使用技術來維持其長期目的，例如近期便可收成的多年生穀物。創新與發明者可以在新投資組合當中結合快速回報及緩慢回報的投資，使得融資突破性研究更具吸引力。社群及社會可以在實施面向未來的社會政策時，利用這項策略為人民提供立即回報，例如提供短期紅利，同時對污染課稅。

四、**轉移注意力，不屈服於立即衝動**。我們可以重新塑造讓我們屈服於衝動和立即滿足的文化與環境暗示。以個人來說，我們可以追求不被過度誘惑的環境與次文化，例如賭場。組織可以利用專責團隊與技術去干擾屈服於迫切性的決定，例如不適當地開立抗生素或者在編寫火箭程式時偷工減料。他們亦可營造環境與文化，提示人們做出更明智的決定，包括給予他們更多緩衝及設立社會常規。社群與社會可以提供更多資金給競選陣營，改革競選資金法，以減少政客承受的壓力，著眼於立即獲利而採取行動。這應該是追求社會發揮更多遠見的人士的訴求重點。而在同時，領導人可以使出拖延戰術，來做出更有遠見的決定。

五、**要求及設計更佳的機構**。我們可以建立培養遠見的慣例、法律和機構。以個人而言，我們可以投票要求及倡議法規與政策鼓勵前瞻，而不是草率的決策，例如漁獲配額制讓漁民更像長期投資者，以及法律框架保護社群在審慎考慮危險開發案時不被控告。我們需要類似的法規鼓勵投資人長期持股，獎勵企業執行長追求長期進步而不是立即進展，並且減少短期股東對公司領導人與董事會施加的壓力。以社群及社會而言，我們可以把我們最珍惜的資源當成傳家寶來共同管理，像是國家公園與世界遺產，為目前及未來世代設立信託，由法律執行。

雖然我們可以輕易地在我們個人生活當中立刻實施上述的一些行動，其他行動則需要我們發揮作為投資者、選民、企業領袖、教師、消費者、社區成員等等的力量。當然，這些並不容易做到。但是，沒有一項是我們無法做到的。

本書所舉的案例顯示，在較小的規模下，社群與組織更可成功發揮遠見。在許多機構壯大規模與範疇、公司合併，以及一個社群可能擴及海洋兩岸之際，我們或許需要更加依賴僅剩的小型社群和團體，以及家族企業來領導我們。大型組織和社會的領導人需要有膽量去設定文化和打造更好的環境。

當我明白，即便在這個莽撞的年代，我們也不是無能為力，我的希望便油然而生。我一度認為是人性使然的事情，其實是我們以前決策的後果。我們現在如何運用自己的力量去塑造未來，就是我們的抉擇。

謝詞

我很幸運能在Riverhead與傑出、和藹、聰明的傑克・莫里西（Jake Morrissey）合作這本書。他就是寫書時最需要的那種編輯——也是每一位作者都值得擁有的（給傑克的女兒：我必須承認，他通常都是對的）。感謝傑夫・克羅斯克（Geoff Kloske）支持這本書。我對於他每年出版的令人驚豔的書，以及他聰明頂尖的團隊感到敬佩。Katie Freeman、Kevin Murphy、Jynne Martin、Kate Stark、Shailyn Tavella、Lydia Hirt、Mary Stone、Jessica White都是很優秀的人，我非常感謝他們的才華及指引。感謝Muriel Jorgensen勤快、聰明的校對。

偉大的經紀人菲莉浦・布洛菲（Flip Brophy）帶著正直和熱情照顧我和這本書，並在最重要的時刻給我支持。這件事不能告訴我朋友，不過，菲莉浦可能是我最喜歡在紐約一起吃午餐的人了。

寫這本書的時候，我是「新美國」（New America）成員之一，這是一個很充實的體驗。在那個社群裡有著心思縝密的記者、政策怪胎以及作家，我在那裡找到了我的智囊團。

我由衷地感謝安‧瑪莉‧史勞特（Anne-Marie Slaughter）、Peter Bergen、Awista Ayub Fuzz Hogan、Kirsten Berg——還有 Andrés Martinez、Ed Finn、Torie Bosch 之後邀請我加入籌劃 Future Tense。

我一直以來的導師艾利克‧蘭德（Eric Lander）對於這本書的幫助無可計量。我感謝他所做的一切，也感謝博德研究所（Broad Institute）。柯奈莉亞‧迪恩（Cornelia Dean）身為我的導師兼摯友已經超過十一年了，她立刻就明白了這本書的重要性，且在過程中不斷給予幫助。

如果沒有瑪莎‧雪莉爾（Martha Sherrill）及比爾‧鮑爾斯（Bill Powers）的建議及鼓勵，我根本就寫不出這本書。他們在這本書誕生的重要時刻幫助了我，而書籍及出版專家瑪莎在過程中最困難的部分給予我指引。光是感謝他們並不足夠，但還是必須感謝他們。

感受到來自陌生人的善意，是最能讓我對未來產生希望的一件事了。為了這本書，有許多人花時間分享他們的故事、見解及人生成就——即使他們幾乎不認識我，或者根本完全不認識我。有些人的名字已經出現在章節裡了，但我還是非常感謝他們的慷慨及為我付出的時間。我特別想要感謝以下這些陌生人及朋友，他們告訴我關於自己專業領域的知識、回覆我部分原稿的感想、不斷告訴我故事、研究以及替我連絡：Mullen Taylor、Rebecca Darr Litchfield、Alison Loat、Amy Mowl、Dan Honig、Rob Kirschen、Carrie Freeman、Feizal Satchu、Jeri Weiss、Elisabeth Rhyne、Daniel Rozas、Doug Rader、Robert Jones、Pamela

Hess、Selam Daniel、Jennifer Shahade、Tim Crews、Julia Szymczak、Greg Flynn、David Rosenthal。

我十分感謝克莉絲汀・札雷利（Kristen Zarrelli），她寄給我新聞文章的速度快到讓人難以形容，這證明了她可靠的能力以及圖書館學的價值。令人驚奇又天資聰穎的約翰・肯尼（John Kenney）以他嚴厲的目光檢視了這本書的原稿。我也很感謝伊莉莎白・許瑞夫（Elizabeth Shreve）所做的一切努力。

瑪榭拉・彭巴迪里（Marcella Bombardieri）帶著她傑出的智慧、懷疑論及注重細節的態度讀了這本書的初期版本，同時還帶著年幼的孩童搬了家、寫了雜誌文章、還擁有一份與教育政策相關的全職工作。她靈敏的回覆及建議大幅改善了這本書，還同時證明了她是超人。

黛博拉・布魯（Deborah Blum）給予我專業的書籍出版建議，並帶著無限的慷慨以及銳利的觀點閱讀了我的初稿。黛博拉令人欽佩的智慧和她的善良是同樣等級的。

十年前，班傑明・蘭伯（Benjamin Lambert）一定沒有想到成為我的朋友會害得未來的自己必須閱讀我糟糕的草稿，並傾聽我寫作時的哀號——他現在知道自己是被詛咒了。從這本書還只是個一丁點大的想法時，他就是一名無價的、擁有智慧的對話者及文學跋涉夥伴。我二十年來的朋友瑪莉・布蘭（Mary Bulan）持續用她的音樂及科學給予我啟發，回覆我的作品，並讓我明白這個世界充滿了美妙。在我把原稿繳交出去之前，她差點在一個下著雷雨的湖上把我殺死，我想感謝她沒有貿然行動。

我很幸運能在兩次的寫作營和有創意又有智慧的安・莉莉（Anne Lilly）合作，她讓人動容的視覺藝術及身為藝術家的勇氣讓我變得更堅強。她同時也是讀者，修正我關鍵的錯誤。麗莎・培克（Lisa Peck）幫助我從一個全新的觀點看我的書，給予我和這本書無限的關心、廣泛的專業知識、關於文化及政治立場的見解。

德魯・胡特（Drew Houpt）根據他對敘事體的超群洞察力、對於這本書以及創意產業的深入了解給予我建議。我很幸運能擁有這麼具有才華、慷慨大方、有趣的摯友，並且隨時願意一邊喝波本威士忌一邊聊書和電影。

有一些朋友在我撰寫這本書時讓我有賓至如歸的感覺。我誠心地感謝 Bill 及 Barbara Bennett、Mark Bittman 及 Kathleen Finlay、Peter 及 Belinda O'Brien、Sandra Ubuong Saunders。

當我要開始撰寫這本書時，我想像接下來這幾年會是怎麼樣。我完全想不到這可能會多有挑戰性或多讓人興奮，要和多少人對話、去拜訪多少地方，要把一切整理起來會有多困難。我很感謝生命中陪伴我的那些人。有時候他們的支持感覺超出了我值得擁有的。瑞秋・瑞爾（Rachel Relle）及瑪莎・利里（Martha Leary）不停提醒我這本書的重要性，並以她們的溫暖及智慧讓我恢復活力。我的表親蒂維亞（Dhivya Venkataraman）將她的風趣、智慧、慷慨分享給我。我仰賴曼尼・岡札雷斯（Manny Gonzales）、朱莉安・奧爾特加（Julianne Ortega）、珍妮佛・加文（Jennifer Galvin）為我帶來有創意的玩笑、聰穎的反應、笑話帶來的調劑。我的言詞不足以感謝蒂芙妮・桑卡里（Tiffany Sankary）有創意的見解及關心，也不足以感謝妮娜・弗萊德曼（Nina Friedman）過去這幾年來提供的熱情和專業指導。我深深地感謝以下各位給予我的熱情支持、優質建議及幽默：Seth Mnookin、Lori Cole、Nithya Venkataraman、Cyndi Stivers、Miguel Ilzarbe、David Bennett、Marydale DeBor、Xochitl Gonzalez、Amanda Cook、Daria Bishop、Karen Lee Sobol、Bulbul Kaul、Chris Agarwal、Alisha Blechman、Errol Morris、Julia Sheehan、Mary Katherine O'Brien、Kiera Bulan、Tracy Kukkonen、Jeff Perrin、Angela Borges、Adam Grant、Juliette Berg、Ellen Clegg、Jessica Hinchliffe、Gigi Hirsch、Adriana Raudzens、YiPei Chen-Josephson、Brendan Rose、Erin Marotta、Lisa Camardo、Tom Zeller、Ari Ratner、Manette Jungels、Taylor Milsal、Kate Ellis、Charlotte Morgan、Linda Ziemba、Pamela Reeves、Lori Lander、Mary Cleaver、Cheryl Effron、Sarovar Banka、Nicole St. Clair Knobloch、Jeff Goodell、Kristin McArdle、Irene Hamburger、Joel Janowitz、Sunny Bates、Tennessee Grimes、Kim Larson、Yvonne Abraham、Kristina Costa、Jen LaCroix、Bill Fish。

這本書要獻給我的父母，有許多理由，例如他們一直以來都相信我做得到，還有在我從法學院退學時他們假裝不介意的樣子。我的祖母西莎・拉加戈帕（Seetha Rajagopal）給了我無形的傳家寶，我珍惜它們就和珍惜她父親的狄魯巴琴一樣。我也很感謝我的兄弟姊妹。我的姊姊迪妮・拉歐（Dini Rao）為我提供熱情、創意，還有紅酒。我的兄弟阿維・加格

（Avi Garg）非常關心這本書，和我一起翻閱到凌晨，並細心地檢查初稿。我的姊夫安朱・拉歐（Anju Rao）誠實又幽默地回覆我尚未思慮周全的標題。在二〇一六及二〇一七年最痛苦的那些日子裡，是我的姪女妮拉（Neela）和艾優妮（Ayoni）讓我有動力起床寫作（有時也確實是她們叫我起床的）——我所想像的就是她們的未來。

我非常感謝我的伴侶安德魯・費許（Andrew Fish）過去幾年來給我許多靈感，開闊我的視野，並提醒我記得吃飯。不是每個人都能擁有這麼好的人。他的存在、堅定不移的陪伴、令人驚豔的藝術作品，讓我的生活過得比期望中更好。

NEXT 294

樂觀者的遠見：在莽撞決斷的時代，我們如何克服短視、超前思考？

The Optimist's Telescope: Thinking Ahead in a Reckless Age

作者—比娜・文卡塔拉曼（Bina Venkataraman）
譯者—蕭美惠
校對—凌午
主編—王育涵
資深編輯—張擎
責任企畫—林進韋
封面設計—兒日
內文排版—極翔企業有限公司

總編輯—胡金倫
董事長—趙政岷
出版者—時報文化出版企業股份有限公司
一〇八〇一九台北市萬華區和平西路三段二四〇號七樓
發行專線—（〇二）二三〇六六八四二
讀者服務專線—〇八〇〇二三一七〇五・（〇二）二三〇四七一〇三
讀者服務傳真—（〇二）二三〇二七八四四
郵撥—一九三四四七二四時報文化出版公司
信箱—一〇八九九臺北華江橋郵政第九十九信箱
時報悅讀網—www.readingtimes.com.tw
人文科學線臉書—http://www.facebook.com/jinbunkagaku
法律顧問—理律法律事務所 陳長文律師、李念祖律師
印刷—紘億印刷有限公司
初版一刷—二〇二一年九月三日
定價—新台幣四五〇元

時報文化出版公司成立於一九七五年，並於一九九九年股票上櫃公開發行，於二〇〇八年脫離中時集團非屬旺中，以「尊重智慧與創意的文化事業」為信念。

樂觀者的遠見：在莽撞決斷的時代,我們如何克服短視、超前思考？
/ 比娜・文卡塔拉曼(Bina Venkataraman)著；蕭美惠譯. -- 初版. --
臺北市：時報文化出版企業股份有限公司, 2021.09
面； 公分. --（Next；294）
譯自：The optimist's telescope：thinking ahead in a reckless age.
ISBN 978-957-13-9228-8（平裝）

1.決策管理 2.風險評估

494.1　　110011425

ISBN 978-957-13-9228-8
Printed in Taiwan